高分子基礎科学 One Point 5

ポリマーブラシ

高分子学会 [編集]
辻井敬亘
大野工司 [著]
榊原圭太

共立出版

「高分子基礎科学 One Point」シリーズ 編集委員会

編集委員長　渡邉正義　　横浜国立大学 大学院工学研究院
編集委員　　斎藤　拓　　東京農工大学 大学院工学府
　　　　　　田中敬二　　九州大学 大学院工学研究院
　　　　　　中　建介　　京都工芸繊維大学 分子化学系
　　　　　　永井　晃　　日立化成株式会社 先端技術研究開発センタ

複写される方へ

　本書の無断複写は著作権法上での例外を除き禁じられています。本書を複写される場合は、複写権等の行使の委託を受けている次の団体にご連絡ください。

〒107-0052　東京都港区赤坂 9-6-41　乃木坂ビル　一般社団法人 学術著作権協会
電話 (03)3475-5618　　FAX(03)3475-5619　　E-mail: info@jaacc.jp

転載・翻訳など、複写以外の許諾は、高分子学会へ直接ご連絡下さい。

シリーズ刊行にあたって

　高分子学会では，高分子科学の全分野がまとまった教科書として「基礎高分子科学」を刊行している．この書籍は内容がよくまとまった非常に良い書籍であるものの，内容が高度であり，学部生や企業の新入社員が高分子科学を初めて学習するためには分量も多く，困難であることが多い．一方，高分子学会では，この教科書とは対照的な「高分子新素材 One Point」シリーズ，「高分子加工 One Point」シリーズ，「高分子サイエンス One Point」シリーズ，「高分子先端材料 One Point」シリーズといった，小さいサイズながらも深く良く理解できるように編集された One Point シリーズを刊行してきており，これらの One Point シリーズは手軽に入手できることから多くの読者を得ている．

　そこで，高分子学会第 30 期出版委員会では，これまでの One Point シリーズのコンセプトをもとに，新たに「最先端材料システム One Point」シリーズと「高分子基礎科学 One Point」シリーズを刊行することとした．前者は最先端の材料やそのシステムについてホットな話題をまとめ，すでに全巻が刊行済みで好評をいただいている．今回，刊行を開始する「高分子基礎科学 One Point」シリーズは，最先端の高分子基礎科学を，コンパクトかつ執筆者の思想を前面に押し出して執筆いただいた．

　本シリーズは，高分子精密合成と構造・物性を含めた以下の全 10 巻で構成される．

　　　　第 1 巻　精密重合 I：ラジカル重合
　　　　第 2 巻　精密重合 II：イオン・配位・開環・逐次重合
　　　　第 3 巻　デンドリティック高分子
　　　　第 4 巻　ネットワークポリマー
　　　　第 5 巻　ポリマーブラシ
　　　　第 6 巻　高分子ゲル
　　　　第 7 巻　構造 I：ポリマーアロイ

第 8 巻　構造 II：高分子の結晶化
　　　第 9 巻　物性 I：力学物性
　　　第 10 巻　物性 II：高分子ナノ物性

　各巻ごとに一テーマがまとまっているので手軽に学びやすく，また基礎から最新情報までが平易に解説されているため，初学者から専門家まで役立つものとなっている．従来の 1 冊の教科書を 10 冊に分けたことにより，各巻の執筆者が研究に掛ける熱い思いも伝えられるだろう．

　本シリーズは学会主催の各種基礎講座（勉強会）や Webinar（ウェブセミナー）等の教科書として使用することも念頭に置いて構成しているので，高分子科学をこれから学ぼうとする多くの学生や研究技術者の役にも立てるものと期待している．

　刊行にあたっては，各巻の執筆者の方々や取りまとめ担当の方々にご尽力いただいた．ここに改めてお礼申し上げる．

　2012 年 10 月

　　　　　　　　　　　　　　高分子学会第 30 期出版委員長　渡邉正義

まえがき

　高機能材料の創製にあたっては各種材料の表面改質が鍵であり，官能基導入のために，高エネルギー線照射などの物理的手法や薬剤処理などの化学的手法を含む様々な改質が行われている．中でも，ポリマー鎖を材料表面に化学的または物理的に固定化（グラフト化）する手法は，ポリマー鎖の大きさ，すなわち，ナノメートルからマイクロメートルにも及ぶ表面層を形成しうることから有用な手法となる．

　これにより，バイオインターフェース構築（生体適合性付与）や高性能クロマトグラフィー法などにも寄与する物質吸着・分離・輸送特性，省エネ・低環境負荷に直結するトライボロジー特性（摩擦・摩耗・潤滑特性），幅広い分野で要請される微粒子の分散性，ナノコンポジットでは，その性能を大きく左右するフィラー／マトリクス界面物性などを高度に制御することが可能である．その機能の発現は，ポリマー鎖と物質（溶媒・溶質物質や相手材表面など）との相互作用とともに，その形態に大きく依存する．

　材料表面に末端固定されたポリマー鎖は，グラフト密度が低いと良溶媒中で糸まり状の，いわゆるマッシュルーム構造をとるが，グラフト密度が上昇し高分子鎖が互いに接触する領域に入ると，表面から垂直方向に伸張された構造をとり，ポリマーブラシと称される．グラフト鎖の表面占有率が数％程度の比較的低密度のポリマーブラシ（"準希薄"ポリマーブラシ）は理論的にも実験的にも詳しく研究されていたが，表面占有率が10％を超える密度領域は最近まで未開拓の領域であった．近年，リビングラジカル重合法の表面グラフト重合への適用をブレークスルーとして，長さの揃った高分子を飛躍的に高い密度でグラフトすることが可能となり，"濃厚"ポリマーブラシ系が実現された．濃厚ポリマーブラシは，準希薄ポリマーブラシとは大きく異なる，独自で斬新な性質を示すことが明らかとなってきた．

　この濃厚ポリマーブラシの性質は，特に溶媒膨潤状態では，濃厚系ゆ

えの大きな浸透圧と高度に伸張された分子鎖形態，すなわち，主にはエントロピー的相互作用を駆動力とし，学術上のみならず実際上も極めて興味深い特性である．換言すれば，良溶媒中における共通の特性と考えられ，その原理的・統一的な理解が可能であり，高度な表面機能設計を実現する．加えて，様々な機能団の導入（エンタルピー的相互作用の付与）により，多彩な表面特性の制御が可能である．特に，リビングラジカル重合法は，鎖長や鎖長分布の制御に加え，機能性モノマーの重合やランダム・ブロック・組成傾斜型など種々の共重合系への拡張を可能とし，機能性ポリマーブラシ合成の観点でも大きな展開をもたらしつつある．

　本書において，前半（第1～4章）では主に溶媒等で膨潤した濃厚ポリマーブラシにターゲットを絞り，その合成・物性・機能について解説し，その統一的な理解を目指すとともに，後半（第5～8章）では，その知見をもとに，特にリビングラジカル重合法により合成可能となった，構造の明確なポリマーブラシ付与複合微粒子の最新研究動向を概観する．なお，ブロックポリマーのミクロ相分離系などの固体／固体界面に形成されるポリマーブラシ構造や非膨潤系ポリマーブラシ等については他書を参照されたい．

　2017年3月

辻井敬亘，大野工司，榊原圭太

目　　次

第1章　ポリマーブラシの合成　　1

1.1　Grafting-to 法 2
1.2　Grafting-from 法 4
　　1.2.1　表面開始 LRP 法 5
　　1.2.2　表面開始 LRP の反応速度論的特徴と表面占有率 ... 8

第2章　ポリマーブラシの構造・物性　　12

2.1　膨潤構造 12
2.2　反発特性 16
2.3　摩擦特性 18
2.4　サイズ排除特性 22
2.5　バルク特性 23

第3章　ポリマーブラシの機能　　27

3.1　摺動システム応用 27
3.2　バイオインターフェース応用 31
　　3.2.1　生体適合性 31
　　3.2.2　タンパク吸着モデルとサイズ排除効果 33

第4章　ボトルブラシ　　38

4.1　化学構造と合成 38
　　4.1.1　Grafting-to 法 39
　　4.1.2　Grafting-from 法 40
　　4.1.3　Grafting-through 法 41
　　4.1.4　分子デザインの拡張 42

	4.2	排除体積効果とキャラクタリゼーション	42
		4.2.1 散乱法	42
		4.2.2 AFM観察	43
	4.3	高次構造形成	44
	4.4	応用	44

第5章 ポリマーブラシ付与微粒子の種類　49

5.1	微粒子の表面修飾	49
5.2	金属酸化物微粒子	49
	5.2.1 シリカ微粒子	49
	5.2.2 酸化鉄ナノ粒子	50
	5.2.3 その他の金属酸化物微粒子	51
5.3	金属ナノ粒子	52
5.4	高分子微粒子	53
5.5	カーボンナノ材料	54

第6章 ポリマーブラシ付与微粒子の精密合成　58

6.1	単分散複合微粒子	58
6.2	異形粒子	59
	6.2.1 ヤヌス粒子	59
	6.2.2 ロッド型粒子	61
6.3	ポリマーブラシの精密設計	63
6.4	中空粒子	64
6.5	ポリマーブラシのナノ粒子による修飾	65

第7章 ポリマーブラシ付与微粒子の構造と機能　68

7.1	微粒子表面におけるポリマーブラシの構造	68
7.2	ポリマーブラシ付与微粒子の配列制御	70
	7.2.1 一次元配列	70

  7.2.2　二次元配列 ･････････････････････････････ 71
  7.2.3　コロイド結晶の種類 ････････････････････････ 72
  7.2.4　準ソフト系コロイド結晶の創製 ･････････････････ 72
  7.2.5　準ソフト系コロイド結晶の構造と機能 ･･･････････ 74

第8章　ポリマーブラシ付与微粒子の応用　　　　　　　　　77

 8.1　生体機能性材料 ･･･････････････････････････････････ 77
 8.2　触媒 ･･ 79
 8.3　電解質膜 ･･ 81

索　引　　　　　　　　　　　　　　　　　　　　　　　　　85

第1章

ポリマーブラシの合成

　ポリマーブラシの合成手法は,別途調製した末端官能性高分子やブロックコポリマーの表面吸着または化学反応によるGrafting-to法と,表面に固定された開始基からの重合反応によるGrafting-from法(表面開始グラフト重合)に大別される(図1.1).Grafting-to法では,長さの揃ったポリマーを利用することで構造の明確な表面を作製できる利点があるが,反応の進行に伴って材料表面の高分子濃度が上昇し,新たな高分子の進入を阻害するため,反応は一定の限界値を超えて進行しない.この限界値が分子量とともに低下することは容易に理解される.一方,Grafting-from法では,表面から成長した高分子が,通常は低分子化合物であるモノマーや触媒の接近に対して障害となる程度ははるかに小さく,より高い密度でのグラフト化が可能である.

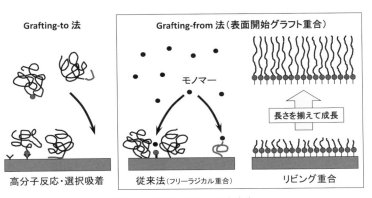

図1.1　ポリマーブラシの合成法.

1.1 Grafting-to 法

　溶液中あるいは溶融状態における表面／界面へのホモポリマー，あるいはランダムコポリマーの吸着は，表面膨潤層を形成する場合，図 **1.2** に示すようなループ・トレイン・テールモデルを用いて理解される[1]．吸着様式には，共有結合形成による化学吸着（不可逆吸着）とファンデルワールス相互作用，水素結合性相互作用，疎水性相互作用などによる物理吸着がある．後者であったとしても，トレイン部分での多点相互作用により吸着状態は安定化され，多くの場合に不可逆過程とみなしうる（個々の吸着サイトでは吸脱着平衡が成立しても，すべてのサイトが一斉に脱離しない限り，ポリマー鎖の脱離は起こらない．一方，界面活性剤による洗浄は，吸着サイトを順次置き換えることで，ポリマー鎖を脱離できる）．ループあるいはテール部分が溶媒に膨潤し，その立体斥力（浸透圧斥力：2.1 節で後述）により，例えば，微粒子系の場合には適切な濃度条件（すべての微粒子がポリマー吸着層で覆われる場合など）では分散安定化を実現する．化学吸着には，様々な有機化学反応が用いられる．特に有用なものとして，シランカップリング反応やクリック反応などが利用されている．

　明確なブラシ構造，すなわち，一端が表面に固定化されたポリマーグラフト層の形成には，各種リビング重合法により合成された末端反応性ポリマーやブロックポリマー（吸着セグメントを一成分とする）が用いられる．特に，準希薄ポリマーブラシの基礎科学の検証・確立のために，主にはリビングアニオン重合により合成されたブロックポリマーが

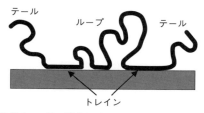

図 **1.2** 吸着ポリマー鎖の模式図（ループ・トレイン・テールモデル）．

用いられた．溶液からの吸着過程に対して，吸着時間あるいは吸着量に応じて，以下のようなモデルが提案されている[2]．吸着初期には，ランダムコイル形態のポリマー鎖が材料表面に拡散し，吸着（反応）が起こる．吸着鎖は，ランダムコイルに近い形態，すなわち，マッシュルーム構造をとる．表面との接触頻度は，吸着量の増大（吸着サイトの減少）とともに減少し，ランダムコイルサイズで規定される飽和値を有する．良溶媒よりも貧溶媒条件，高分子量体よりも低分子量体ほど，吸着鎖の表面数密度（グラフト密度）は高くなる．マッシュルーム構造でほぼ表面が覆われると，グラフトポリマー鎖はブラシ状態へと形態変化を伴いながら，溶液中のポリマー鎖の侵入と表面への吸着（反応）すなわちグラフト密度のさらなる増大が起こる．ポリマー鎖の表面への拡散（ポリマー膨潤層への侵入）を促進するには，濃度勾配すなわち高溶液濃度が有効である（ポリマーをバルクコートして溶融状態でグラフトすることにより高い密度が達成されている）．ただし，ブラシ形態への変化は，形態エントロピーの損失を伴うため，ある一定値を超えて，グラフト密度を増大させることは難しい．その閾値は，分子量の関数となることは容易に理解でき，その一例として，ポリスチレン（PS）系における分子量（重合度）とグラフト密度の関係を図 **1.3** に示す[3]．分子量

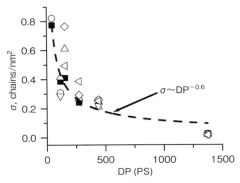

図 **1.3** 末端反応性ポリスチレンの Grafting-to 法によるポリマーブラシ形成．ただし，σ：グラフト密度，DP：ポリスチレンの重合度．
出典：K. S. Iyer and I. Luzinov: *Macromolecules* **37**, 9538 (2004).

の増大とともにグラフト密度は急激に低下し,2.1節で後述する濃厚ポリマーブラシ領域の達成が困難であることが理解できる.

1.2 Grafting-from 法

実際上も有効なポリマーグラフト法として,(従来の)フリーラジカル重合を用いた Grafting-from 法(表面開始フリーラジカル重合法)が,分子量や分子量分布の制御は困難であるがその簡便性と汎用性ゆえに,古くから利用されてきた.表面に発生したラジカルがその寿命にして通常1s程度の間に高分子量体に成長,これが逐次的に繰り返すことで,すなわち,グラフト密度が暫時増大しながら,重合が進行する.材料表面がマッシュルーム層で覆われたとしても,前述の Grafting-to 法に比較して,低分子反応による重合開始と鎖成長のために立体障害は小さく,さらなるグラフト化が進行しやすく,高いグラフト密度を達成できる.

重合開始は,材料表面のシランカップリング剤処理等によるラジカル発生基の化学固定や有機高分子材料に対しては紫外線,γ線,電子線,プラズマなどの照射(共有結合の切断)等が用いられる.具体的には,高分子材料表面の親水化処理にも用いられる低温プラズマ処理(グロー放電,コロナ放電)では,酸化反応により導入される過酸化基が熱分解によりペルオキシラジカルを生成するため,ラジカル重合の重合開始点として利用できる.実際,プラズマ処理後,高分子基材をモノマーに浸漬し,一定温度に加温するとポリマーグラフト層が生成する.また,ベンゾフェノンは紫外線(UV)照射により近傍分子から水素を引き抜き,ラジカルを発生することが知られている.このため高分子基材にあらかじめベンゾフェノンを塗布,あるいは重合系中に添加し,一定温度において紫外線照射することにより,ポリマーがグラフト化される.これらの表面開始フリーラジカル重合法については,他書に詳しい[4].

前述のとおり,フリーラジカル重合法では,分子量や分子量分布をはじめとするグラフトポリマー鎖構造の精密制御が困難であり,また,重合開始効率が一般に低いために,さらなるグラフト密度向上のボトルネックとなっていた.これらの困難を克服すべく,近年,各種のリビン

グ重合法の適用が試みられ，精密な表面設計が可能となった．金基板やシリコン基板等を対象として，対応する重合開始基を導入した自己組織化単分子膜を用いて，リビングアニオン重合[5-7]（立体規則性重合[7]）にも適用），リビングカチオン重合[8,9]，リビング開環重合[10,11]などが達成されている（表面開始リビング重合）．先駆的な研究例はそれぞれの文献を参照されたい．これらの系では，リビング重合を進行させるための厳密な重合環境（反応試薬を含めた重合系の高度精製など）が不可欠であるが，固体材料（グラフト基材）を重合系に持ち込む際の表面吸着性不純物の除去等の困難さゆえに，必ずしも報告例は多くはない．これに対して，リビングラジカル重合（LRP）法は，多くのモノマーに適用しうる汎用性と厳格な実験条件の設定を必要としない簡便性ゆえに最もよく用いられている．LRPによるGrafting-from法（表面開始LRP法：SI-LRP法）について，次項で詳しく取り上げる．

1.2.1 表面開始LRP法

　LRP法の基本概念は，成長ラジカルを適当なキャッピング基で一時的に共有結合化（ドーマント化）し，この共有結合の開裂によるラジカルの再生（活性化）—成長—再ドーマント化（不活性化）のサイクルを擬平衡下で進行させることにあり，代表的なLRPとして，ニトロキシド媒介重合（NMP），遷移金属錯体を触媒とする原子移動ラジカル重合（ATRP），可逆的付加—開裂連鎖移動（RAFT）重合が挙げられる[12]．

　表面開始グラフト重合への適用は，主として，各ドーマント種に対応する開始基を材料表面に固定化した後，これを起点として行われる．適切な重合条件下で，グラフトポリマー鎖はほぼ長さを揃えて成長し，構造の制御されたグラフト層が得られる．代表的な表面開始LRPの固定化開始剤を図1.4に示す．シリカ系材料（自然酸化膜を有するシリコン基板，ガラス基板，シリカ微粒子など）や磁性体などの他の無機材料にも有効なシランカップリング剤や，金表面などと反応するチオール化合物などが用いられる．他に，2段階表面反応による開始基の導入やLRP開始基含有ポリマーのコーティング・固定化，高分子材料に対し

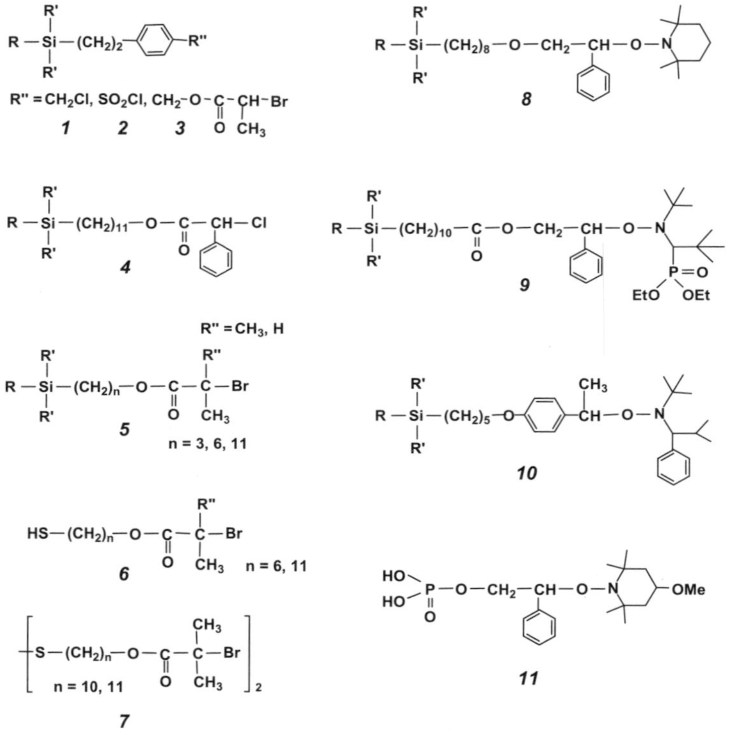

図 1.4 代表的な表面開始 LRP の固定化開始剤.

ては従来の表面グラフト重合に用いられてきた表面開始ラジカル発生法の利用(キャッピング(可逆的不活性化)剤の添加による LRP)も試みられている.

各種 LRP 法の中で最も数多く検討されているのが,ハロゲン原子をキャッピング基に,遷移金属錯体を触媒に用いる ATRP 法である. グラフト重合において,重合制御に十分な頻度での活性/不活性化を達成するために,可逆的不活性化剤(例えば,$Cu^{II}Br_2$)あるいはフリー開始剤(遊離の低分子ドーマント化合物)の添加が有効である. 後者の場合,通常の溶液系と同様に不活性化剤濃度が自動調節されるため(持続

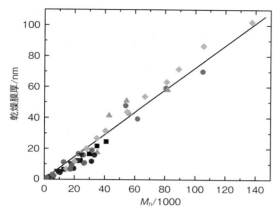

図 1.5 表面開始 ATRP 法により生成する PMMA グラフト層の乾燥膜厚と数平均分子量 M_n の関係(M_n は指標となるフリーポリマーの値).

ラジカル効果),多くの系へ容易に適用可能である.また,代表的な系において,グラフトポリマーが,フリー開始剤から生成するフリーポリマーとほぼ同じ分子量および分子量分布を有していることが実験的に確認されており,しばしば有用な指標となる.

シランカップリング型固定化開始剤をシリコン基板およびシリカ微粒子表面に固定化した後,フリー開始剤の存在下,銅錯体を触媒として,メチルメタクリレート(MMA)の ATRP を行った結果を図 1.5 に示す[13].いずれも,グラフトポリマーの指標となるフリーポリマーの数平均分子量 M_n は,狭い分子量分布を保ったまま,モノマー転化率に比例して増大し,また,グラフト量と M_n はよい比例関係を与えた(図 1.5;乾燥膜厚は数 nm〜数百 nm の範囲で制御可能).これは,グラフト密度を一定に保持しつつグラフト重合がリビング的に進行したことを意味する.比例係数より,グラフト密度は 0.6〜0.7 chains/nm^2 と見積もられた.この値は,従来法を大幅に超える値である.従来の表面開始フリーラジカル重合と比較すると,表面開始 LRP は,高い開始効率と高伸張形態を保持したグラフトポリマーの均等成長ゆえに,より高いグラフト密度を与えたと理解される.

NMP や RAFT 重合についても，それぞれの重合特性を生かした多くの報告例がある．Husseman ら[14] は，スチレンの表面開始 NMP にはじめて成功し，上述の値とほぼ同じ，高いグラフト密度を達成している．また，RAFT 法による表面開始グラフト重合については，Baum ら[15] がアゾ型シランカップリング剤と RAFT 剤を用いて成功し，その後，様々な RAFT 型シランカップリング剤も開発された．原理的には，溶液（あるいはバルク）系において制御可能なモノマー群は表面グラフト化が可能である．

1.2.2　表面開始 LRP の反応速度論的特徴と表面占有率

表面開始 LRP では，鎖の一端が基材表面に固定されるために，成長末端の局所濃度が極端に高く，一方で，その運動（拡散）範囲は限定され，また，表面—溶液 2 相間で化学種の分配も起こりえる．このため，速度論的観点で均一系 LRP と比較，考察することは興味深い．

上述のように，ATRP 系や NMP 系において，フリー開始剤から生成するフリーポリマーがグラフトポリマーとほぼ同等の分子量ならびに分子量分布を有していることは，成長速度ならびに分子量分布を決定する活性化／不活性化頻度（少なくともその比）がほぼ等しく，かつ，停止反応は危惧されたようには増幅されていないことを示唆する．一方，末端固定化の影響が無視できないとする報告もあり，いわゆる Confinement 効果として，シミュレーション等を併用して，ブラシセグメント密度プロファイルを加味した重合速度についても議論されている[16]．

活性化頻度という観点では，RAFT 系によるグラフト重合は，ATRP 系や NMP 系と事情を異にする[17]．図 1.6 に示すように，RAFT 系ではグラフトポリマー鎖末端ラジカルが近接のドーマント末端を直接攻撃するため，高い末端局所濃度を反映して効率的な連鎖移動が起こりうる．これに対応する実験事実として，連鎖移動定数の極めて大きな RAFT 基を用いると，広範囲なラジカル移動（反応拡散）に由来して停止反応が増感されることが観測されており，この場合には重合条件の設定に注意が必要である．

1.2 Grafting-from 法

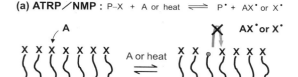

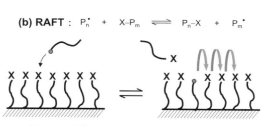

図 1.6 各種 LRP によるグラフト重合の制御.

次に,表面開始 LRP により飛躍的に向上したグラフト密度について考察する.グラフト密度の最大値はモノマーの大きさ(ビニルモノマーでは側鎖の大きさ)に依存することは容易に理解され,その理論最大値は完全伸張鎖の断面積あたり 1 本となる.そこで,このポリマー(モノマーユニット)断面積あたりの規格化グラフト密度を表面占有率 σ^* と定義すると(理論最大値 100%),この値を用いて,サイズの異なるモノマーの表面グラフト重合におけるグラフト密度を比較することができる.ちなみに,前記のポリメチルメタクリレート(PMMA)ブラシの場合,表面占有率は約 40% という高い値であった.

重合開始にあたる第 1 番目のモノマーが付加する反応を想定して,モノマーに見立てた剛体球を平面にランダムに配置する簡単なシミュレーションを行った結果を図 1.7 に示す.なお,新たに配置しようとする剛体球が配置済みの剛体球と重なる場合には配置は不成立とする.このとき,表面占有率は試行回数をとともに増大するが,約 60% で一定となり,それ以上増大しない(デッドスペースの生成).実験値はこのランダム開始の限界値に比較的近く,言い換えれば,開始点の配置制御あるいは表面移動を許すようなスペーサーの導入がグラフト密度を

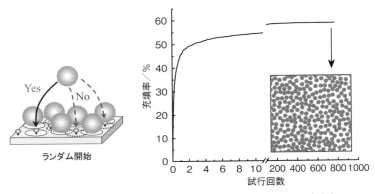

図 1.7 Grafting-from 法における表面開始反応の効率と表面占有率.

向上させる可能性を示唆する[18].実験的にも,グラフト密度のスペーサー長依存性が検討されている.最近,表面開始 ATRP により成長するポリマーブラシのグラフト密度限界について,活性化(表面開始)の重合触媒(遷移金属触媒)が表面固定化開始基に接近する際の立体障害という観点からも議論されている[19].この問題の基礎的理解は,グラフト密度のさらなる向上に繋がるものと期待される.

参考文献

1) 例えば,小林元康,高原淳:高分子 **58**, 204 (2009).
2) C. Ligoure and L. Leibler: *J. Phys. France* **51**, 1313 (1990).
3) K. S. Iyer and I. Luzinov: *Macromolecules* **37**, 9538 (2004).
4) 例えば,Y. Urayama, K. Kato, and Y. Ikada: *Adv. Polym. Sci.* **137**, 1 (1998).
5) R. Jordan, A. Ulman, J. F. Kang, M. H. Rafailovich, and J. Sokolov: *J. Am. Chem. Soc.* **121**, 1016 (1999).
6) R. Advincula, Q. G. Zhou, M. Park, S. G. Wang, J. Mays, G. Sakellariou, S. Pispas, and N. Hadjichristidis: *Langmuir* **18**, 8672 (2002).
7) M. Sato, T. Kato, T. Ohishi, R. Ishige, N. Ohta, K. L. White, T. Hirai, and A. Takahara: *Macromolecules* **49**, 2071 (2016).
8) B. Zhao and W. J. Brittain: *Macromolecules* **33**, 342 (2000).
9) I. J. Kim and R. Faust: *J. Macromol. Sci. Part A: Pure Appl. Chem.* **A40**, 991 (2003).

10) R. Jordan and A. Ulman: *J. Am. Chem. Soc.* **120**, 243 (1998).
11) M. Husemann, D. Mecerreyes, C. J. Hawker, J. L. Hedrick, R. Shah, and N. L. Abbott: *Angew. Chem. Int. Ed.* **38**, 647 (1999).
12) 例えば,蒲池幹治,遠藤剛,岡本佳男,福田猛(監修):『新訂版 ラジカル重合ハンドブック』NTS (2010); A. Goto and T. Fukuda: *Prog. Polym. Sci.* **29**, 329 (2004).
13) Y. Tsujii, K. Ohno, S. Yamamnoto, A. Goto, and T. Fukuda: *Adv. Polym. Sci.* **197**, 1 (2006); M. Ejaz, S. Yamamoto, K. Ohno, Y. Tsujii, and T. Fukuda: *Macromolecules* **31**, 5934 (1998).
14) M. Husseman, E. E. Malmstrom, M. McNamara, M. Mate, D. Mecerreyes, D. G. Benoit, J. L. Hedrick, P. Mansky, E. Huang, T. P. Russell, and C. J. Hawker: *Macromolecules* **32**, 1424 (1999).
15) M. Baum and W. J. Brittain: *Macromolecules* **35**, 610 (2002).
16) H. Liu, M. Li, Z.-Y. Lu, Z.-G. Zhang, and C.-C. Sun: *Macromolecules* **42**, 2863 (2009).
17) Y. Tsujii, M. Ejaz, K. Sato, A. Goto, and T. Fukuda: *Macromolecules* **34**, 8872 (2001).
18) Y. Tsujii et al.: to be published.
19) J. Yan, X. Pan, Z. Wang, J. Zhang, and K. Matyjaszewski: *Macromolecules* **49**, 9283 (2016).

第 2 章

ポリマーブラシの構造・物性

2.1 膨潤構造

ポリマーブラシの膨潤膜厚を用いて,ブラシ構造を議論することができる.「ブロブ」概念に基づくスケーリング理論によると,良溶媒中における(平衡)膨潤膜厚 L_e は,準希薄ポリマーブラシに対して,次式で表される[1-4].

$$L_e \sim L_c \sigma^{1/3} \tag{2.1}$$

ここで,L_c は鎖の全長(伸び切り鎖長)である.準希薄ポリマーブラシに関しては,コロイドの分散安定化などの実用上の問題とも関連して詳しく研究され,式 (2.1) の有効性は実験的に確認されている.表面密度がさらに増大すると,グラフトポリマー鎖間相互作用(排除体積効果)が遮蔽される「濃厚ポリマーブラシ」領域に入り,L_e は式 (2.1) より大きな σ 依存性を持ち,次式の予測を与える[5,6].

$$L_e \sim L_c \sigma^{1/2} \tag{2.2}$$

膨潤膜厚は,エリプソメトリー法,中性子や X 線の反射率測定法,表面間力測定装置(SFA)や原子間力顕微鏡(AFM)コロイドプローブ法によるフォースカーブ測定法等により見積もられる.図 **2.1** は,Grafting-from(表面開始 ATRP)法により調製された比較的密度の高い PMMA ブラシ群[7]ならびに Grafting-to 法により調製された低密度ブラシ群[8]について,伸び切り鎖長に対する良溶媒中の平衡膨潤膜厚すなわち伸張度(L_e/L_c)を表面占有率に対してプロットしたもの

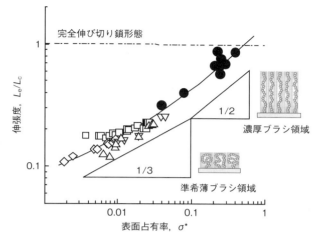

図 2.1 良溶媒膨潤ポリマーブラシ膜の平衡膨潤膜厚と表面占有率の関係.

である．表面開始 ATRP 法によるグラフト密度の制御は，固定化開始基密度の制御による．伸張度 (L_e/L_c) は，表面占有率 σ^* の増加とともに，準希薄ポリマーブラシに対する予測（式 2.1）を超えて増大し，濃厚ポリマーブラシに対するスケーリング則（式 2.2）にほぼ従うことがわかる（濃厚ポリマーブラシ領域の到達）．両者のクロスオーバー領域については，グラフト密度ならびにグラフトポリマー鎖長を面内で連続的に変化させたコンビナトリアル基板を用いた実験により，σ^* にして約 10% と見積もられた．最も密度の高いブラシ（$\sigma^* \sim 40\%$）では，膨潤膜厚は伸び切り鎖長の 80〜90% にも達した．準希薄ポリマーブラシが伸び切り鎖長の高々 20〜30% の膨潤膜厚を有することと比較すると，その特異性は際だっている．

ポリマーブラシの膨潤は，（溶媒と高分子の）混合エントロピー変化（ΔS_m）由来の浸透圧と（鎖伸張に伴う）形態エントロピー変化（ΔS_c）由来の伸張応力の釣り合いとして理解される（図 **2.2**）．すなわち，グラフトポリマー鎖は，浸透圧により膨潤伸張され，伸張応力と釣り合う伸張度で平衡状態となる．表面占有率が数 % 程度の準希薄ポリマーブ

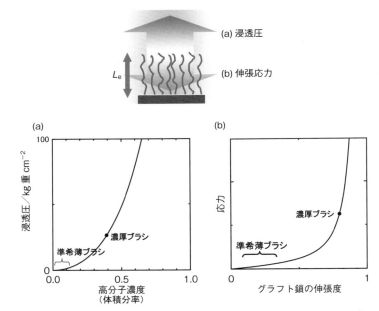

図 2.2 膨潤ポリマーブラシに働く (a) 混合エントロピー由来の浸透圧と (b) 形態エントロピー由来の伸張応力.

ラシでは,平衡膨潤時において,数気圧程度の浸透圧しか働かないのに対して,表面占有率 10% を超える濃厚ポリマーブラシの浸透圧は数十気圧にも達すると見積もられ,大きな伸張応力に対抗して鎖を高度に伸張させたと考えられる.

次に,溶媒で膨潤したポリマーブラシ層内でのポリマーセグメント濃度について考察する.セグメント濃度はブラシ層内では一定ではなく,これを理解しておくことは,ポリマーブラシの物性と機能を理解する上で重要である.実験的に,セグメント密度プロファイル(セグメント濃度の位置(表面からの距離)依存性)は,エリプソメトリー法や各種反射率測定法により見積もられ,特に,準希薄ポリマーブラシについては理論予測との定量的比較も精力的に行われている.その描像の具体的な理解には,計算機シミュレーションによる研究が参考となる.図 2.3

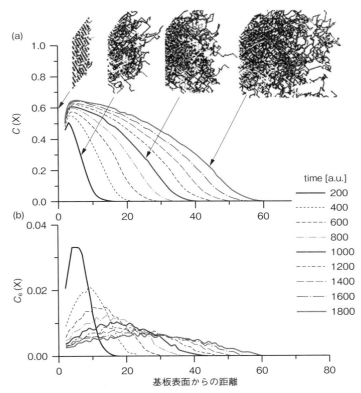

図 2.3 計算機シミュレーションによるポリマーブラシの (a) セグメント密度プロファイルと (b) 末端基分布.

出典:K. Matyjaszewski, P. J. Miller, N. Shukla, B. Immaraporn, A. Gelman, B. B. Luokala, T. M. Siclovan, G. Kickelbick, T. Vallant, H. Hoffmann, and T. Pakula: *Macromolecules* **32**, 8716 (1999).

に,セグメント密度プロファイルならびに末端基分布のシミュレーション結果を示す[9,10]. グラフト重合の進行とともに,セグメント密度プロファイルは,放物線状から階段状へと変化し,また,末端基分布は表面近傍に偏析する様子がわかる. 前者は次節で扱う反発力の発現に,後者はポリマーブラシ末端の機能化に関係する. 特に,LRP 法では末端に様々な官能基を付与することが可能であり,例えば,センサーにおけ

る機能性表面としての利用において有用である.

2.2 反発特性

膨潤ポリマーブラシ層は圧縮に対して反発力を有する.前節での議論に基づき,Alexander-de Gennes 理論によれば,準希薄ポリマーブラシで覆われた二面間に働く力 $P(D)$(フォースカーブ:力の距離依存性)は次式となる[11].

$$P(D) = \frac{kT}{s^3} \left\{ \left(\frac{2L_e}{D} \right)^{9/4} - \left(\frac{D}{2L_e} \right)^{3/4} \right\} \tag{2.3}$$

ここで,D は二面間距離,s はグラフト点間距離を表す.第一項は浸透圧斥力に,第二項は鎖の弾性エネルギーに起因する.図 2.4 に示すように,ブロックポリマー吸着層について,SFA 測定により実測された実験結果は,この理論予測によく一致する[12].なお,ここでは取り上げないが,電解質ポリマーブラシを低イオン強度の水中等で測定する

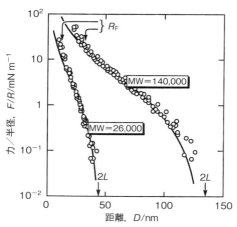

図 2.4 良溶媒中における準希薄ポリマーブラシ間のフォースカーブ(反発力の距離依存性).
出典:J.N. イスラエルアチヴィリ著,大島広行訳:『分子間力と表面力(第 3 版)』朝倉書店(2013),第 16 章.

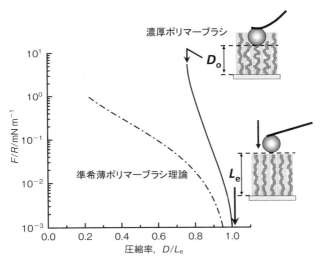

図 2.5 良溶媒中における濃厚ポリマーブラシのフォースカーブ(反発力の距離依存性).図中,一点鎖線は準希薄ポリマーブラシに対する予測.D_o は用いたカンチレバーではそれ以上押しこむことのできない距離(オフセット距離).

と,解離した対イオンによる,いわゆる電気二重層斥力がより長距離相互作用として観測される.

一方,濃厚ポリマーブラシは圧縮に対して,上記の準希薄ポリマーブラシ理論ではもはや説明できないほど異常に大きな抵抗を示す(図 2.5).圧縮によるポリマー濃度の増大は,浸透圧の急激な増大をもたらし,高反発特性を生み出す[7,13].例えば,表面占有率 40% の濃厚ポリマーブラシを平衡膨潤状態から半分に圧縮すると,その浸透圧は百気圧を超えると予測される(前節参照).これらの立体反発力は,コロイド粒子表面にグラフトした場合には高い分散安定性を付与しうるが,濃厚ポリマーブラシ系は準希薄系に比べて,より大きな反発力すなわちより高い微粒子分散性を発現することを示唆する.

実際,濃厚 PMMA ブラシを付与した単分散シリカ微粒子が,有機溶媒分散液中で,伸張グラフトポリマー鎖間の長距離相互作用を駆動力とする,準ソフト系とでも呼ぶべき新しいタイプのコロイド結晶を形成

することが見出された（7.2 節で後述）．ただし，駆動力となる立体反発力またはブラシ構造に関して，微粒子系は平板基板（平面）上のブラシ系とは事情を異にする．すなわち，グラフトポリマー鎖長の増大とともに，ブラシ表面における有効グラフト密度が減少することになり，最外層のブラシ特性は鎖長とともに，濃厚ポリマーブラシから準希薄ポリマーブラシへと転移することが見出された．興味深いことに，その境界となる表面占有率は約 10% となり，平板基板で見積もられた閾値にほぼ等しい．

2.3 摩擦特性

膨潤ブラシが発現する摩擦特性も，2 種類のブラシ系では大きく異なる．図 **2.6**(a) に，良溶媒中，高荷重条件にて測定された濃厚または準希薄 PMMA ブラシ同士の摩擦係数 μ（$\mu = F_s/F_n$；F_s，摩擦力；F_n，垂直荷重）のずり速度依存性を示す[14]．摩擦測定は，ポリマーブラシ付与コロイドプローブ（直径 10 μm）を用いた AFM ミクロトライボロジー測定による．濃厚ポリマーブラシ系では，速度依存性の異なる 2 つの領域が存在する．高速度領域では，摩擦係数が速度に依存し，いわゆる流体潤滑に対応する．一方，濃厚ポリマーブラシ系の低速度域および準希薄ポリマーブラシ系では，摩擦係数の速度依存性は小さい．この領域では，流体力学的相互作用の寄与は小さく，ブラシ間の相互作用が摩擦特性を支配すると考えられる．すなわち，ブラシ表面間が接触する，いわゆる境界潤滑に対応する．この領域における摩擦係数 μ の荷重依存性を図 2.6(b) に示す．注目すべき点は，準希薄ポリマーブラシ系が荷重の増大に伴って低摩擦から，約 3 桁も摩擦係数の大きい領域への急激な変化を示すのに対し，濃厚ポリマーブラシ系は荷重の大きさにかかわらず常に極低摩擦（$\mu < 0.0005$）を有することである．摩擦転移とも称しうる準希薄ポリマーブラシ対向系の摩擦係数の急激な変化は，これに先立ち，SFA 法を用いて詳細な研究が行われており，これと矛盾しないとともに，電解質系では高荷重域でも低摩擦が維持されることも実証されている[15]．これは，生体系などの優れた水潤滑の発現機構（静電的相互作用が大きな役割を果たす）とも関連する．

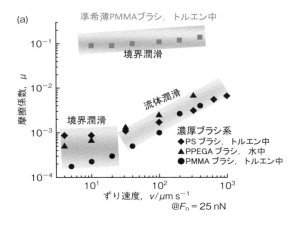

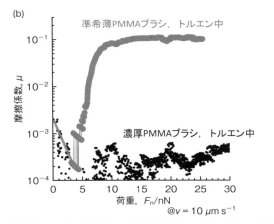

図 2.6 良溶媒中における準希薄ならびに濃厚ポリマーブラシ間の摩擦係数の (a) ずり速度依存性と (b) 荷重依存性.

境界潤滑に関わるブラシ間相互作用は,セグメント間引力相互作用を無視しうる良溶媒中では,主にはブラシ間の相互貫入の度合いによる.ポリマーブラシは,非加重状態(平衡膨潤)では,浸透圧効果によりランダムコイル形態より伸張されている.ブラシ同士の部分的相互貫

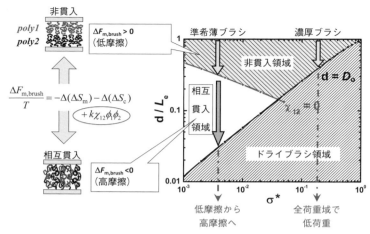

図 2.7 エントロピー駆動による同種ポリマーブラシの相互貫入:表面占有率 (σ^*) ならびに押込量との関係.図中左式は相互貫入に伴う自由エネルギー変化を示す.$D_\circ$ は図 2.5 を参照.

入は,局所濃度の増大ゆえに ΔS_m に関しては不利となる.低圧縮下では,ブラシの収縮は,この濃度不均一性を解消するともに ΔS_c の増大をもたらし,したがって,相互貫入が抑制される.さらなる圧縮によりブラシ鎖の収縮が進行し,その厚みがランダムコイルサイズ以下になると,逆にブラシの伸張が ΔS_c の増大をもたらし,ΔS_m の減少を補うようになると,ブラシは相互貫入する.

図 **2.7** は,溶媒膨潤状態のポリマーブラシを対向圧縮する際に,ある圧縮率[平衡膨潤状態に対する相対膜厚](縦軸)とグラフト密度(横軸)において,$\Delta S_\mathrm{m} + \Delta S_\mathrm{c}$ としてより安定と予測される状態を表す.上記の予測どおり,準希薄ポリマーブラシ同士は,ある荷重で,低摩擦から高摩擦へと転移する.一方,濃厚ポリマーブラシは,膨潤ブラシ層の濃厚溶液系ゆえの大きな浸透圧が大きな荷重を支えうることに加え,いかなる圧縮においても,グラフトポリマー鎖は相互貫入せず,極低摩擦特性が発現したと理解される.

2.5 節で後述するとおり,濃厚ポリマーブラシ化により,無溶媒(バ

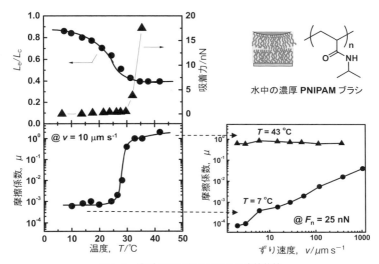

図 2.8 濃厚 PNIPAM ブラシの摩擦特性.

ルク）状態でさえ，バルク高分子の侵入に対して驚くべき阻害効果をもたらすことが確認されている[16]．すなわち，濃厚ポリマーブラシでは，良溶媒条件において，エントロピー駆動による非貫入性相互作用が境界潤滑域の摩擦係数を大幅に低減，流体潤滑が実現する．実際，良溶媒条件を満たす系（図 2.6(a)：トルエン中の濃厚 PMMA 系，トルエン中の濃厚 PS ブラシ系，水中の濃厚ポリ［(ポリエチレングリコール) メチルエーテルアクリレート］(PPEGA) ブラシ系と比較）で同等な結果が得られること，流体潤滑域の摩擦係数が粘度に依存することがわかっている[17]．これに対応する実験結果として，Spencer らは[18]，微小荷重型トライボメータを用いて，機械潤滑応用を念頭に粘度の異なる各種潤滑オイル中，親油性濃厚ポリマーブラシ（ポリ(長鎖アルキルメタクリレート)）系の摩擦特性を評価し，ストライベック曲線を用いた議論を行っている．その他，様々なポリマーブラシ系の摩擦特性については文献を参照されたい[19]．

溶媒の質（ポリマーセグメント親和性）は摩擦特性に大きく影響する．具体例として，感温性高分子であるポリ(N-イソプロピルアクリル

アミド)(PNIPAM) の濃厚ポリマーブラシの例を紹介する[20]. この濃厚ポリマーブラシは,濃厚 PMMA ブラシ系と同等に,高い表面占有率 ($\sigma^* = 0.5$),良溶媒(エタノール)中における高伸張形態 ($L_e/L_c = 0.9$) と極低摩擦特性 ($\mu = 0.0005$) を有する. 図 2.8 に,濃厚 PNIPAM ブラシの水中における伸張度 L_e/L_c と摩擦係数 μ の温度依存性を示す. 水中の濃厚 PNIPAM ブラシは,低温域では良溶媒中に匹敵する大きな伸張度と低い摩擦係数を,高温域では脱水和に伴う高い摩擦係数を与え,その転移温度は約 30℃ であった. 注目すべき点として,20℃ 付近において,温度上昇に伴い伸張度は次第に低下するのに対して,摩擦係数は脱水和がほぼ完了した温度で 3 桁以上の急激な上昇を示している.

2.4 サイズ排除特性

膨潤ポリマーブラシは,溶液中の溶質分子との相互作用においてサイズ選択性を有する. 図 2.9 に模式的に示すように,良溶媒中で伸び切

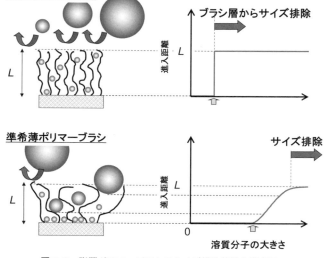

図 2.9 膨潤ポリマーブラシのサイズ排除特性の模式図.

り鎖に匹敵するほど高度に伸張している濃厚ポリマーブラシでは，隣接するグラフトポリマー鎖の間隔は基板からブラシの最外層まで保持され，すなわち，理想的には隣接グラフトポリマー鎖間距離はどこでもグラフト点間距離 s と同じとなる．このため，グラフト点間距離より大きな溶質が濃厚ポリマーブラシ層に入り込むためには，グラフトポリマーはさらに伸張または収縮する必要があり，グラフトポリマー鎖に大きなエントロピー損失を強いることになる．一方，準希薄ポリマーブラシでは，隣接グラフトポリマー鎖間の位置の相関は基板から遠ざかるにつれて失われていくため，s よりも大きな溶質もブラシ層へ容易に入り込める．したがって，濃厚，準希薄ポリマーブラシともにブラシ層によるサイズ排除は起こりうるが，濃厚ポリマーブラシではその高いグラフト密度，すなわち，小さいグラフト点間距離によりブラシ層からサイズ排除される溶質分子の大きさは準希薄ポリマーブラシに比べて小さく，また明確に（シャープに）サイズ排除されると予見される．

実際に，このサイズ排除効果について，クロマトグラフィー手法を用いた検証結果を示す[13]．図 **2.10** は，連続細孔を有するシリカ系モノリスカラムの内表面に濃厚 PMMA ブラシを形成させ，これを分離カラムとして種々の分子量の PS の溶出時間を測定した結果をまとめたものである（サイズ排除曲線）．連続孔表面の微細孔によるサイズ分離に加え，より低分子量域，具体的には，分子量（M）が 1,000 付近に，シャープな分画（図 2.10(b)）が観測された．興味深いことは，この限界分子量 $M \cong 1,000$ に対応する PS の大きさ（$2R_g = 1$ nm）がグラフト密度から算出されるグラフト点間距離 $s(= \sigma^{-1/2})$ にほぼ一致しており，文字どおり，濃厚ポリマーブラシ層によるサイズ排除（分子量約 1,000 以上の溶質 PS をブラシ層から排除し，それ以上の溶質を層内に取り込む）と帰属された．

2.5 バルク特性

濃厚ポリマーブラシは，その高いグラフト密度がゆえにバルク状態においても興味深い特性を示す．例えば，0.6 chains/nm^2 の濃厚 PMMA ブラシでは，その乾燥膜厚は伸び切り鎖長の 40% 近くにも達し，フ

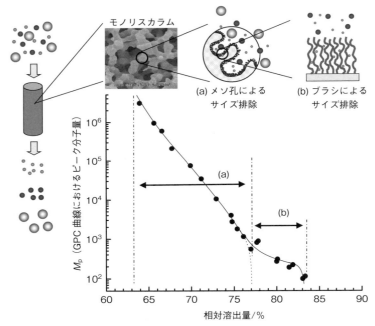

図 2.10 膨潤濃厚ポリマーブラシ膜のサイズ排除特性：モノリスカラム系でのクロマトグラフィー実験結果.

出典：Y. Tsujii, K. Ohno, S. Yamamoto, A. Goto, and T. Fukuda: *Adv. Polym. Sci.* **197**, 1 (2006); T. Fukuda, Y. Tsujii, and K. Ohno: "Macromolecular Engineering: Precise Synthesis, Materials Properties, Applications", K. Matyjaszewski (ed.), Wiley-VCH, (2007) pp. 1137-1178.

リーポリマーの非摂動両端間距離よりはるかに大きい．つまり，このような濃厚ポリマーブラシを形成するグラフトポリマー鎖は，乾燥状態においても顕著に伸張配向している．この事実に対応すると考えられるが，乾燥濃厚ポリマーブラシ膜は等価なスピンキャスト膜に比べて，高分子量領域でも（界面効果が無視できる十分に厚い膜においても）顕著に高いガラス転移温度を持ち[21]，また，溶融状態における圧縮弾性率が約 50% 大きい[22]．田中らは，AFM 水平力の温度依存性を測定して，バルク PMMA ブラシ表面の分子運動性について検討し，バルク

とは大きく異なるもののスピンキャスト膜とは顕著な差が認められないことも報告している[23]．

また，表面ブラシ層とバルク高分子との相溶性についても興味深い結果が得られている．この問題は，構造・物性の基礎科学としての興味のみならず，物質分離や表面コーティング，材料の複合化など応用面・実際面でも重要である．中性子反射率測定により，マトリクス高分子（軽水素化PMMA）に接する重水素化PMMAブラシの構造を解析した結果，高密度化がバルク高分子の侵入に対して驚くべき阻害効果をもたらすこと，すなわち，準希薄ポリマーブラシと異なり濃厚ポリマーブラシではオリゴマーPMMA（$M_n = 4,900$）であってもブラシ層内に侵入できないことが確認された[16]．グラフトポリマー鎖の伸張配向は，伸張度が大きいほど，多大な形態エントロピー減を伴う．他者との混合は，グラフトポリマー鎖にさらなる伸張を余儀なくするが，この大きなペナルティを高分子―高分子混合のわずかなエントロピー増で埋め合わすことは到底できない．つまり，実験が示すとおり，両者は混合しない．これらの諸性質も，すべて濃厚ポリマーブラシ特有のものである．

参考文献

1) S. Alexander: *J. Phys. (Paris)* **38**, 977 (1977).
2) P. G. de Gennes: *Macromolecules* **13**, 1069 (1980).
3) M. Daoud and J. P. Cotton: *J. Phys. (Paris)* **43**, 531 (1982).
4) T. M. Birstein and E. B. Zhulina: *Polymer* **25**, 1453 (1984).
5) D. F. K. Shim and M. E. Cates: *J. Phys. (Paris)* **50**, 3535 (1989).
6) K. Ohno, T. Morinaga, S. Takeno, Y. Tsujii, and T. Fukuda: *Macromolecules* **39**, 1245 (2006).
7) S. Yamamoto, M. Ejaz, Y. Tsujii, M. Matsumoto, and T. Fukuda: *Macromolecules* **33**, 5602 (2000); S. Yamamoto, M. Ejaz, Y. Tsujii, and T. Fukuda: *Macromolecules* **33**, 5608 (2000).
8) H. D. Bijsterbosch, V. O. Dehaan, A. W. Degraaf, M. Mellema, F. A. M. Leermakers, M. A. C. Stuart, and A. A. Vanwell: *Langmuir* **11**, 4467 (1995).
9) A. Halperin, M. Tirrell, and T. P. Lodge: *Adv. Polym. Sci.* **100**, 31 (1992).
10) K. Matyjaszewski, P. J. Miller, N. Shukla, B. Immaraporn, A. Gelman, B. B. Luokala, T. M. Siclovan, G. Kickelbick, T. Vallant, H.

Hoffmann, and T. Pakula: *Macromolecules* **32**, 8716 (1999).
11) P. G. de Gennes: *C. R. Acad. Sci. (Paris)* **300**, 839 (1985); P. G. de Gennes: *Adv. Colloid Interface Sci.* **27**, 189 (1987).
12) H. J. Taunton, C. Toprakcioglu, L. J. Fetters, and J. Klein: *Nature* **332**, 712 (1988); H. J. Taunton, C. Toprakcioglu, L. J. Fetters, and J. Klein: *Macromolecules* **23**, 571 (1990).
13) Y. Tsujii, K. Ohno, S. Yamamnoto, A. Goto, and T. Fukuda: *Adv. Polym. Sci.* **197**, 1 (2006); T. Fukuda, Y. Tsujii, and K. Ohno: "Macromolecular Engineering: Precise Synthesis, Materials Properties, Applications", K. Matyjaszewski (ed.), Wiley-VCH, (2007) pp. 1137-1178.
14) Y. Tsujii, A. Nomura, K. Okayasu, W. Gao, K. Ohno, and T. Fukuda: *J. Phys.: Conf. Ser.* **184**, 012031 (2009).
15) U. Raviv, S. Giasson, N. Kampf, J.-F. Gohy, R. Jérôme, and J. Klein: *Nature* **425**, 163 (2003).
16) S. Yamamoto, Y. Tsujii, T. Fukuda, N. Torikai, and M. Takeda: *KENS report* **14**, 204, (2001-2002).
17) A. Nomura, K. Okayasu, K. Ohno, T. Fukuda, and Y. Tsujii: *Macromolecules* **44**, 5013 (2011); A. Nomura, K. Ohno, T. Fukuda, T. Sato, and Y. Tsujii: *Polym. Chem.* **3**, 148 (2012); A. Nomura, A. Goto, K. Ohno, E. Kayahara, S. Yamago, and Y. Tsujii: *J. Polym. Sci. Part A: Polym. Chem.* **49**, 5284 (2011).
18) R. M. Bielecki, M. Crobu, and N. D. Spencer: *Tribol. Lett.* **49**, 263 (2013).
19) P. Mocny and H.-A. Klok: *Mol. Syst. Des. Eng.* **1**, 141 (2016).
20) W. Gao, et al., submitted.
21) S. Yamamoto, Y. Tsujii, and T. Fukuda: *Macromolecules* **35**, 6077 (2002).
22) K. Urayama, S. Yamamoto, Y. Tsujii, T. Fukuda, and D. Neher: *Macromolecules* **35**, 9459 (2002).
23) K. Tanaka, K. Kojio, R. Kimura, A. Takahara, and T. Kajiyama: *Polym. J.* **35**, 44 (2003).

第 3 章

ポリマーブラシの機能

3.1 摺動システム応用

　省エネ・環境負荷低減に直結する機械摺動システムへの応用に向けて，マクロ接触・高荷重条件におけるポリマーブラシのトライボロジー特性が検討されている．高原ら[1]は，直径 10 mm のステンレス球をプローブとして，濃厚 PMMA ブラシを付与したシリコン基板の摩擦試験を行い，良溶媒中での摩擦係数の低下ならびに耐摩耗性の向上を報告している（図 3.1）．優れた耐摩耗特性が実証されたことは実用上の有用性を示唆し，グラフト密度の高いことが有効に機能していると理解される．また，人工関節を含む生体材料開発の観点から，各種親水性ポリマーブラシについて，摩擦特性とともに濡れ性や膨潤構造（分子鎖形

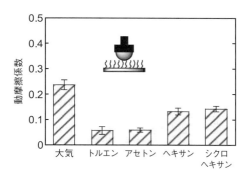

図 3.1　PMMA ブラシの大気中および各種溶媒中における動摩擦係数：往復摺動試験，ステンレス球，垂直荷重 0.49 N，速度 1.5 mm/s，振幅 20 mm．

出典：小林元康，高原淳：高分子 **58**，204 (2009)．

態)が検討され,摩擦係数が溶媒など周囲媒体とポリマー種との相溶性および表面凝着力に大きく依存すること,水中では親水性の高い順に低いこと,特にポリ(2-メタクリロイルオキシエチルホスホリルコリン)(PMPC)が有効であることなどが示された[2].

しかしながら,摩擦係数の絶対値などは,前章で議論した濃厚ポリマーブラシ本来の特性(ミクロ計測により明らかとなったエントロピー駆動による特性)と必ずしも整合しない.原理的には,前章で議論した濃厚ポリマーブラシが本来有する高弾性特性や極低摩擦特性は,マクロ接触でも実効的であると期待される.ただし,LRPを含む多くのリビング重合で合成可能な濃厚ポリマーブラシの膜厚が常法ではせいぜい100 nm程度であり,接触面積の増大はしばしば,母材表面の凹凸や硬質微粒子混入(アブレシブ摩耗)などの問題を顕在化させる.すなわち,ナノ薄膜ゆえの機能制限が存在する.

これらの問題を回避する3つの方法を以下に紹介する.重要な観点は,アブレシブ摩耗の抑制という観点から,材料基材の凹凸に対するポリマーブラシ層の相対厚みである.すなわち,十分な相対厚みが確保できれば,母材凹凸(あるいは,異物混入等)により,局所的に高い面圧がかかることを抑制できると期待される.

第一は,対向材料として膨潤ゲルを利用する方法である.具体的には,膨潤PMMAゲル(厚さ1 mm,直径10 mm)に対して,濃厚PMMAブラシ,準希薄PMMAブラシ,濃厚PSブラシ(乾燥膜厚はいずれも数十nm)を対向させた系について,回転レオメーター法により評価された摩擦係数のずり速度依存性を図**3.2**に示す[3].準希薄PMMAブラシ対ゲルのμ値は0.2〜0.3となり,ブラシとゲル最表面ポリマー鎖の部分貫入による摩擦力が生じていると考えられる.一方,濃厚ポリマーブラシ系では,ミクロ計測時と同様に,2つの速度依存性領域(境界潤滑と流体潤滑に相当)が観測された.低速度領域の境界潤滑は,濃厚ポリマーブラシとゲル表面との相互作用を反映する.興味深いことに,濃厚PSブラシは濃厚PMMAブラシよりもさらに低い摩擦係数を与えた.ゲル最表面は,準希薄ポリマーブラシに相当するダングリング鎖からなり,濃厚ポリマーブラシを対向表面としてもわずかな部

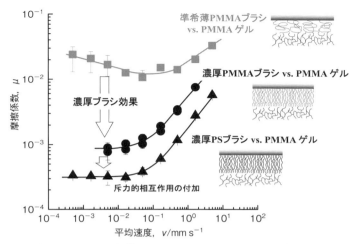

図 3.2 良溶媒中における各種ポリマーブラシ／PMMA ゲル対向系の摩擦係数のずり速度依存性.

分貫入が摩擦力に影響していると考えられる．濃厚 PS ブラシでは，異種ポリマーセグメント間の斥力的相互作用がこの相互貫入を抑制し，ミクロ計測において実現された濃厚ポリマーブラシ対向系と同等の極低摩擦系が達成された．

第二は，対向母材表面の凹凸を低減する方法である．荒船ら[4] は，通常のガラスボール表面（最大高低差は 220 nm）に平滑性の極めて高い吹きガラス薄片を貼り付けて，イオン液体中，類似のイオン液体ポリマー型濃厚ポリマーブラシ層に対するボールオンプレート型往復摺動試験を行った．AFM 観察により，高低差が 2 nm 程度まで低減されたことを確認するとともに，これにより，マクロ接触系においても 10^{-3} という極めて低い摩擦係数が得られることを実証している．

第三は，濃厚ポリマーブラシを厚膜化する方法である．LRP 法では，成長ラジカル同士の停止反応が存在するため，合成可能な分子量には原理的限界が存在する．この限界値は，高圧条件の適用により[5]，大幅に増大させうる（例えば，500 MPa 条件にて，$M_n = 1.9 \times 10^6$,

30　第 3 章　ポリマーブラシの機能

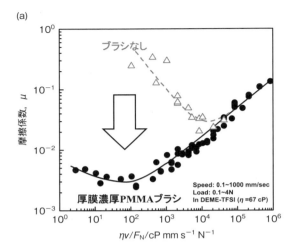

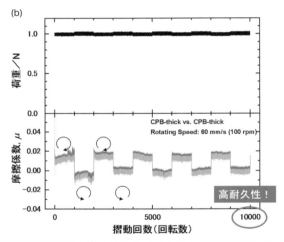

図 **3.3**　厚膜濃厚 PMMA ブラシ系のボールオンディスク試験結果：(a) ストライベック曲線と (b) 摩擦係数の摺動回数依存性．

$M_\mathrm{w}/M_\mathrm{n} = 1.3$, $L_\mathrm{d} = 950$ nm, $\sigma = 0.36$ chains/nm^2 の濃厚 PMMA ブラシの合成を達成).図 **3.3**(a) に,ボールオンディスク試験の結果(ストライベック曲線)を示す.ブラシなし(薄膜濃厚ポリマーブラシでもほぼ同等)では,速度低下あるいは荷重増加とともに大きく摩擦係数が増大するのに対して,厚膜ブラシを付与することにより,より低速度,より高荷重でも安定した潤滑特性を発現し,ミクロ計測時と同様,流体潤滑と境界潤滑が観測された.母材の表面ラフネスは数十〜数百 nm 程度であり,従来の薄膜(膜厚 100 nm 程度)では実現しなかった「マクロ接触での優れた潤滑特性」が確認され,低摩擦性発現機構に関する,これまでの考察の妥当性を支持する.また,図 3.3(b) に示すように,繰り返し摺動試験を行った結果,1 万回後でも摩擦係数はほぼ変化せず,優れた耐久性を有する.このとき,Hertz モデルによれば,面圧は数百 MPa と見積もられ,機械摺動システムとしての実用性も期待される.

3.2 バイオインターフェース応用

3.2.1 生体適合性

人工医用デバイスには,金属,セラミックス,高分子などが用いられ,その多くは生体成分と接触するために初期的な適合性には界面が重要な役割を担う.一般に,異物材料が生体内に持ち込まれると,タンパク質が表面に吸着,変性し,次いで,これを介した細胞接着/増殖/死といった異物反応が連鎖的に起こる.この場合,バルクとしての材料寿命にかかわらず短期間しか使用できない.生体適合性は,生体不活性と生体活性に大別される.前者の設計概念は,初期的相互作用を抑制することにより続く連鎖的な反応を起こさせない,すなわち,タンパク質等の生体成分に対して「ステルス」表面を目指すことになる.生体活性(接着性)表面を目指す場合であっても,特異性や選択性を最大限に利用するために,上記の生体不活性表面をベースに特異的な相互作用を組み込むことが有用となる.

生体適合性の向上ならびに生体/材料間相互作用の理解を目的として様々な表面改質法が適用されてきた.中でも,Grafting-from 法によ

り，材料表面に親水性ポリマー層，したがって，水膨潤層を形成することが有用である[6]．先駆的には，例えば[7-9]，シリコーンゴムやポリエチレンなどの高分子材料表面のグロー放電処理やコロナ放電処理等により重合開始基を導入後，ラジカル重合によりPMPC，ポリ（アクリルアミド）（PAAm），ポリ（アクリル酸）（PAA），ポリ（2-アクリルアミド-2-メチルプロパンスルホン酸）（PAMPS），ポリ（N,N-ジメチルアミノプロピルアクリルアミド）（PDMPAA）などの親水性ポリマーをグラフトすると，タンパク吸着や細胞接着・増殖が抑制されることが確認されている．

ポリマーブラシ層のグラフト量やグラフト密度と生体適合性の関係，すなわち，構造／物性相関の解明を目指して，表面開始リビングラジカル重合法により構造の明確なポリマーブラシの合成とその生体適合性評価も行われている．Fengらは[10]ATRP法によりグラフト密度（0.10〜0.39 chains/nm^2）や鎖長（5〜200 monomer unit）の異なるPMPCブラシをシリコン基板表面へグラフトし，フィブリノーゲンタンパクの非特異的吸着がグラフト密度や鎖長の増大とともに，より効果的に抑制されることを確認している．また，吉川らは[11]，ポリ（2-ヒドロキシエチルメタクリレート）（PHEMA）ブラシへのタンパク吸着について，グラフト密度（$\sigma = 0.007$〜0.7 chains/nm^2）や鎖長（乾燥膜厚 $L = 2$〜10 nm），タンパク質の大きさを変えて系統的に調べ（図 **3.4**），タンパク質のサイズ $2R_g$（R_g：プルラン換算分子量より見積もられた慣性半径）がグラフト点間距離（$s = \sigma^{-1/2}$）より十分大きいときタンパク吸着が抑制されることを示している（次節参照）．

ステルス表面としての期待どおり，親水性ポリマーブラシ表面では，グラフト密度やグラフトポリマー鎖長の増大とともに，細胞接着も抑制されることが確認されている．例えば，吉川らは，グラフト密度（準希薄〜濃厚領域）や鎖長の異なるPHEMA，ポリ（2-ヒドロキシエチルアクリレート）（PHEA），ポリ［（ポリエチレングリコール）メチルエーテルメタクリレート］（PPEGMA）ブラシに対するマウス繊維芽細胞（L929細胞）の接着を検討し，ポリマーブラシの化学組成や表面接触角（親水性），グラフトポリマー鎖長によらず，準希薄ポリマーブ

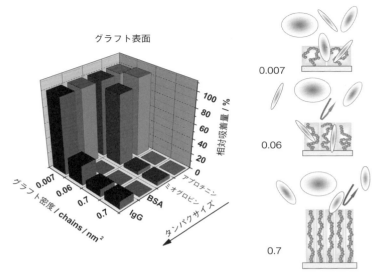

図 3.4 親水性ポリマーブラシ表面へのタンパク吸着.

ラシに比べて濃厚ポリマーブラシ表面では細胞接着が抑制されることを明らかにしている[12].この非接着性を利用して,岩田らは[13],マイクロメートルスケールでパターニング(フォトマスクを介した紫外線照射による重合開始基の分解による)されたPMPCポリマーブラシ表面を用い,タンパク質および細胞アレイの作製に成功している.また,Meiらは[14],同一シリコン基板面内でグラフト密度と鎖長に傾斜を有するPHEMAブラシを作製することにより,準希薄ポリマーブラシの領域ではあるが,密度の増大とともに,タンパク吸着や繊維芽細胞(NIH3T3)の接着が減少することを巧みに実証している.

3.2.2 タンパク吸着モデルとサイズ排除効果

Currieらは[15],ポリマーブラシへのタンパク吸着に関して,3つのモードを提案している(図3.5).タンパク質がブラシ層内に拡散して基材表面に吸着する「primary adsorption」,タンパク質がブラシの最表面に吸着する「secondary adsorption」,タンパク質がブラシ層内に

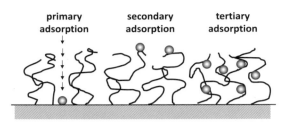

図 3.5 ポリマーブラシへのタンパク吸着の模式図.

侵入し,ポリマーセグメントへ吸着する「tertiary adsorption」である.生体適合性の獲得には,いずれの吸着も抑制する必要がある.

primary adsorption の抑制には,水中で立体斥力(浸透圧斥力)を発現する親水性ポリマーブラシ層の付与が有用であり,グラフト密度が高いほど,また,ブラシ膜厚が厚いほど効果的であることは容易に理解できる(厚膜化は静電的相互作用などの長距離相互作用の抑制に有効).

secondary adsorption はポリマー鎖の化学構造に大きく依存すると考えられ,親水性ポリマーの中でも,PMPC 系がタンパク質との非特異的相互作用の小さい種として知られている.たとえ相互作用の小さい種であっても,ポリマーブラシ層内にタンパク質が侵入すると,その滞留時間が増大し,tertiary adsorption が誘起されうる.タンパク質がブラシ層に侵入できないほど十分高いグラフト密度を達成できれば,これを抑制できることとなる.

tertiary adsorption を抑制する「サイズ排除効果」を検証すべく,2.4 節で紹介したシリカ系モノリスカラムを用いたサイズ排除(分離)クロマトグラフィー評価法が,上記の抗タンパク吸着性の濃厚 PHEMA ブラシ(グラフト密度 $\sigma = 0.4\,\mathrm{chains/nm^2}$)に適用された[16].図 3.6 に,分子量の異なる一連の標準プルラン(実線)の溶出曲線を示す.モノリスカラムのメソポアによるサイズ排除(図中 a)に加え,分子量(M)が 1,000 付近にブラシ層によるサイズ排除(図中 b)の領域が観測されるとともに,2.4 節同様,この閾値分子量 $M \cong 1{,}000$ に対応する分子サイズ($2R_\mathrm{g} = 1.5\,\mathrm{nm}$)がグラフト密度から算出されるグラフト点間距離 $s\,(= \sigma^{-1/2} = 1.6\,\mathrm{nm})$ にほぼ一致し,濃

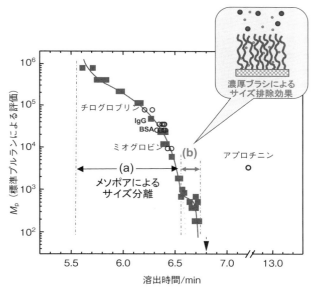

図 3.6 クロマトグラフィー手法によるサイズ排除特性とタンパク相互作用の評価.

厚ポリマーブラシのサイズ排除特性に対応することが確認された.

興味深いことに，図中に○印で示される各種タンパク質の溶出データにおいて，プルラン換算分子量（約 1,500）のアプロチニンを除き，プルラン曲線と一致した．これは，上記の PHEMA ブラシ層の閾値サイズ排除サイズに近いアプロチニンはブラシ層内に侵入して，ブラシセグメントと吸着的な相互作用を受けたのに対して，より大きな，その他のタンパク質はブラシ層からサイズ排除され，さらには，ブラシ最表面ともほとんど相互作用しないと解釈される．PHEMA 自体は必ずしも，PMPC のようにタンパク質との相互作用が無視できるほどに生体不活性ではないが，濃厚ポリマーブラシ化により secondary adsorption をも抑制され，親水性濃厚ポリマーブラシが優れた生体不活性表面になりうることを示唆する．この生体不活性には，グラフトポリマー鎖のダイナミクスや近傍水和構造などが影響すると考えられ，今後の解明が待たれる．

以上，親水性濃厚ポリマーブラシの場合，その特異なサイズ排除効果がタンパク質の非特異的吸着を抑制し，生体インターフェース表面としての有用性を発現すると理解される．このサイズ排除すなわちエントロピー的相互作用に由来する生体適合性は長期安定性を期待させる．加えて，リビングラジカル重合では精緻な分子設計（例えばブラシ末端や側鎖へ官能基団の導入）が可能であるため，生体不活性な濃厚ポリマーブラシ層をベースに生体と特異的に相互作用する分子をボトムアップ的に付与すれば，生体活性表面としての新たな展開も可能である．

参考文献

1) H. Sakata, M. Kobayashi, H. Otsuka, and A. Takahara: *Polym. J.* **37**, 767 (2005); 小林元康，高原淳，高分子 **58**, 204 (2009).
2) M. Kobayashi and A. Takahara: *Chem. Rec.* **10**, 208 (2010); M. Kobayashi, Y. Terayama, N. Hosaka, M. Kaido, A. Suzuki, N. Yamada, N. Torikai, K. Ishihara, and A. Takahara: *Soft Matter* **3**, 740 (2007).
3) M. Kuramoto, et al., to be published.
4) H. Arafune, T. Kamijo, T. Morinaga, S. Honma, T. Sato, and Y. Tsujii: *Adv. Mater. Interface* **2**, 1500187 (2015).
5) Hsu, et al., to be published.
6) 吉川千晶，小林俊，辻井敬亘：『新訂版 ラジカル重合ハンドブック』蒲池幹治，遠藤剛，岡本佳男，福田猛（監修），NTS (2010), 第2章 第5節; C. Yoshikawa and H. Kobayashi: in "Polymer Brushes: Substrates, Technologies, and Properties" V. Mittal (ed.), CRC Press (2012) Chapter 11.
7) G.-H. Hsuie, S.-D. Lee, P. C. -T. Chang, and C.-Y. Kao: *J. Biomed. Mater. Res.* **42**, 134 (1998).
8) A. Kishida, H. Iwata, Y. Tamada, and Y. Ikada: *Biomaterials* **12**, 786 (1991).
9) J. H. Lee, G. Khang, J. W. Lee, and H. B. Lee: *J. Biomed. Mater. Res.* **41**, 304 (1998).
10) W. Feng, J. L. Brash, S. Zhu: *Biomaterials* **27**, 847 (2006).
11) C. Yoshikawa, A. Goto, Y. Tsujii, T. Fukuda, T. Kimura, K. Yamamoto, and A. Kishida: *Macromolecules* **39**, 2284 (2006); C. Yoshikawa, A. Goto, N. Ishizuka, K. Nakanishi, A. Kishida, Y. Tsujii, and T. Fukuda: *Macromol. Symp.* **248**, 189 (2007).
12) C. Yoshikawa, Y. Hashimoto, S. Hattori, T. Honda, D. Terada, A.

Kishida, Y. Tsujii, and H. Kobayashi: *Chem. Lett.* **29**, 142 (2010).
13) R. Iwata. P. Suk-In, V. P. Hoven, A. Takahara, K. Akiyoshi, and Y. Iwasaki: *Biomacromolecules* **62**, 288 (2008).
14) Y. Mei, J. Y. Elliot, J. R. Smith, K. J. Langenbach, T. Wu, C. Xu, K. L. Beers, E. J. Amis, and L. Henderson: *J. Biomed. Mater. Res. Part A.* **79A**, 974 (2006).
15) E. P. K. Currie, W. Norde, and M. A. Cohen Stuart: *Adv. Colloid Interface Sci.* **100-102**, 205 (2003); E. P. K. Currie, J. Van der Gucht, O. V. Borisov, and M. A. Cohen Stuart: *Adv. Colloid Interface Sci.* **71**, 1227 (1999).
16) C. Yoshikawa, A. Goto, Y. Tsujii, N. Ishizuka, K. Nakanishi, and T. Fukuda: *J. Polym. Sci. Part A: Polym. Chem.* **45**, 4795 (2007).

第 4 章

ボトルブラシ

4.1 化学構造と合成

1本の主鎖(幹)からグラフト側鎖(枝)を伸ばした櫛形ポリマーも,側鎖のセグメント密度が高ければポリマーブラシと類似の性質を示す.そのような高密度くし型ポリマーは,側鎖の排除体積効果により主鎖が伸張したシリンダー型形態をとるため,その形状が瓶やフラスコの洗浄に使われるブラシに似ていることから,ボトルブラシと呼ばれる(図 4.1).

ボトルブラシの合成は,幹ポリマーに高分子反応により側鎖を導入する Grafting-to 法,マクロ開始剤(多数の重合活性点を有する幹ポリマー)からモノマーを重合する Grafting-from 法,マクロモノマー(片末端に重合性官能基を有するポリマー)を重合する Grafting-

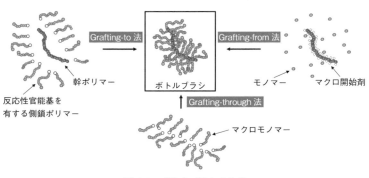

図 4.1 ボトルブラシの合成

through 法に大別される（図 4.1）．構造の明確なボトルブラシは，リビングアニオン重合や開環メタセシス重合（ROMP），LRP などの制御重合法により合成される．本節では，代表的なボトルブラシの合成法を概説する．

4.1.1 Grafting-to 法

Grafting-to 法では，反応性官能基を末端に有する側鎖ポリマーと幹ポリマーを反応させることでボトルブラシを得る．Grafting-to 法にかかわる官能基は，水酸基やアミノ基，エポキシド，ハロゲン等であり，結合形成反応の種類としては，置換反応や付加反応が代表的である．高分子同士の反応となるため，立体障害，高粘度化が問題となり，高い反応率と選択性を達成するには，反応条件を十分考慮しなければならない．また，生成物であるボトルブラシと未反応のポリマーの分離が煩雑となることがある．

代表例に，ポリクロロエチルビニルエーテル（PCEVE）とポリスチリルリチウム（PS-Li）との求核置換反応がある．主鎖と側鎖はそれぞれリビングカチオンおよびアニオン重合で合成されるため各鎖長を個別に制御可能であり，加えて，用いるポリマー種や反応条件の厳密化により副反応を抑制すれば定量的な置換反応が実現され，得られるボトルブラシ，PCEVE-グラフト-PS の構造は高度に設計可能となる[1]．

より簡便かつ汎用的な方法として，高い反応性と選択性で炭素―ヘテロ原子結合を実現するクリック反応が挙げられる．アジドとアルキンの銅触媒 Huisgen 環化付加反応が代表格である．例えば，4-ペンチン酸とのエステル縮合により PHEMA の側鎖にアルキン基を導入した幹ポリマーと，ATRP 法により得た PS やポリ（メタ）アクリレートのハロゲン末端をアジド化した側鎖ポリマーをクリック反応に供することで，種々のボトルブラシを得ることができる[2]．分子鎖断面積（すなわち，反応点まわりの立体障害）のより小さなポリマーであるポリエチレンオキシド（PEO）を側鎖に選択することで，100％ 近いクリック反応効率，したがって，主鎖繰り返し単位ごとへの側鎖導入（高グラフト密度）が達成されている[2-4]．

4.1.2 Grafting-from 法

Grafting-from 法では，開始基が繰り返し単位に導入された主鎖ポリマーをマクロ開始剤として，各種重合法によりボトルブラシを得る．マクロ開始剤は，開始剤含有モノマー（イニマー）の重合（高分子合成），あるいは直鎖ポリマーへの開始基付与（高分子反応），の2通りの方法で合成される．Grafting-from 法に LRP を適用すると，高効率な重合開始と均等成長がゆえに，グラフト密度を飛躍的に向上させることができる．例えば，代表的なマクロ開始剤であるポリ(2-ブロモイソブチロキシエチルメタクリレート)（PBIEM）は，PHEMA と 2-ブロモイソブチリル酸ブロミドとの反応[5]，あるいは，イニマーである 2-ブロモイソブチロキシエチルメタクリレート（BIEM）のフリーラジカル重合や RAFT 重合[6] により得られ，ボトルブラシ合成に非常に有用である（図 4.2）．

本手法では，不溶な架橋体の生成や多分散化の原因となる再結合停止に十分留意しなければならない．具体策として，重合温度や触媒濃度の調整によるラジカル濃度の低減，あるいは，希釈条件（低マクロ開始剤濃度や低モノマー転化率）の適用や低分子開始剤の添加によるボトルブラシ間架橋の抑制が効果的である[5]．ここでは，低分子開始剤を加える利点を紹介する．低分子開始剤であるエチル 2-ブロモイソブチレート（EBIB）は，適切な条件下では開始効率が 100% に近い，優れた ATRP 開始剤として知られる[7]．これをボトルブラシ合成時に少量加えれば，上述の効果が期待されるばかりでなく，十分な主鎖長を有する場合，図 4.3 に示すように，SEC 測定により生成するボトルブラシ

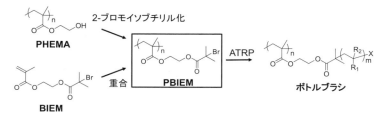

図 4.2　Grafting-from 法で有用なマクロ開始剤．

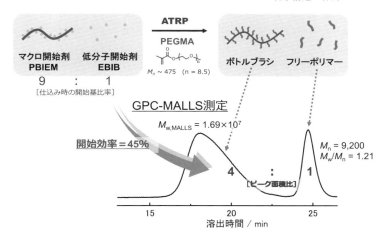

図 4.3 Grafting-from 法によるボトルブラシ合成の模式図:低分子開始剤添加効果(フリーポリマー生成)と開始効率.

と EBIB から生成する直鎖ポリマーは分子量にて分画され,後者は前者の側鎖分子量の指標となるとともに,両者の生成量比と仕込み開始基比より,開始効率すなわちグラフト密度を見積もることができる.

4.1.3 Grafting-through 法

Grafting-through 法では,マクロモノマーの重合によりポリ(マクロモノマー),すなわちボトルブラシを得る.本手法では,主鎖の繰り返し単位に 1 本の側鎖を有する理想的かつ均一なボトルブラシが得られる.例えば,PS 末端にメタクリル酸エステルを有するマクロモノマーのフリーラジカル重合によりボトルブラシを得ることができる[8].しかしながら,重合初期から高粘度であることや,低い末端重合基濃度,立体障害ゆえに,モノマー転化率を高くすることが困難であり,マクロモノマーの重合度は数十程度(オリゴマー領域)であった.末端にノルボルニル基を有するマクロモノマーの ROMP や[9,10],ビニルベンジル基およびマレイミド基を末端に有するマクロモノマーの交互共重合などを利用すれば[11,12],高重合度のマクロモノマーでも高いモノマー

ブロック型　　**コア-シェル型**　　**ヤヌス型**

図 4.4　異種側鎖を有するボトルブラシの模式図.

転化率が達成されている.

4.1.4　分子デザインの拡張

上述した手法を組み合わせることで, ブロック型, コア-シェル型, ヤヌス型といった, 異種側鎖がグラフト化されたボトルブラシ (図 4.4) が得られ[13,14], その自己組織化挙動[15,16]に注目が集まる. さらには, 多糖・ポリペプチド・DNA などの生体高分子や共役高分子が主鎖や側鎖に利用された例も報告されている.

4.2　排除体積効果とキャラクタリゼーション

ボトルブラシは, 主鎖・側鎖ともに屈曲性ポリマーでありながら, 側鎖の排除体積効果により主鎖の剛直性が高まるため, 良溶媒中では持続長の大きな半屈曲性高分子として振舞う. そのコンフォメーションは主鎖の伸張に伴う形態エントロピーと側鎖の斥力相互作用の釣り合いとして理解される.

ボトルブラシのコンフォメーションに関する情報は, 光散乱 (light scattering: LS) や小角 X 線散乱 (small angle X-ray scattering: SAXS), 小角中性子散乱 (small-angle neutron scattering: SANS) などの散乱法や, 原子間力顕微鏡 (atomic force microscope: AFM) による観察などから得られる.

4.2.1　散乱法

散乱法では, 溶液に光や X 線を入射し, 得られる散乱光強度および散乱角のデータを解析することで, ボトルブラシの分子量と平均二乗回

転半径 $\langle S^2 \rangle$ を導く. $\langle S^2 \rangle$ の分子量依存性を表すグラフはコンフォメーションプロットと呼ばれ,その曲線とモデルを比較することで,剛直性パラメータ (λ^{-1}:みみず鎖モデルの場合,Kuhn のセグメント長) などの情報を得ることができる.近年では,サイズ排除クロマトグラフィー (SEC) に多角度光散乱検出器 (multi-angle light scattering: MALS) を連結した SEC-MALS 分析が多用される.その理由は,分子量分布の広いサンプルや,少量しか得られないサンプルを用いても,一度の測定でコンフォメーションプロットを描くことができるためである.SEC により分子量分別されたサンプル溶液が MALS 検出器を通ると,複数の散乱角における散乱光強度が一度に得られ,示唆屈折率 (RI) 検出器の信号 (濃度値) と合わせて解析すると,重量平均分子量 M_w と z-平均二乗回転半径 $\langle S^2 \rangle_z$ を得ることができる.

λ^{-1} は曲げに対する弾性率に比例しており,ボトルブラシの剛直性を特徴付ける重要なパラメータである.λ^{-1} が大きいほど棒状形態となり,逆に小さいと自由に屈曲する鎖となる.例えば,直鎖アタクティック PS は Θ 点 (溶媒:シクロヘキサン,$T = 34.5℃$) で $\lambda^{-1} = 2\,\mathrm{nm}$ を与えるが,主鎖がポリメタクリレート,側鎖が PS のボトルブラシは,良溶媒中で $\lambda^{-1} = 100\,\mathrm{nm}$ 以上の値を与える[17,18].主鎖,側鎖ともに PS で,側鎖重合度が 15,側鎖末端にベンジル基を有する,化学的に均一なボトルブラシは,Θ 点では $\lambda^{-1} = 9.5\,\mathrm{nm}$,良溶媒であるトルエン中では $\lambda^{-1} = 16\,\mathrm{nm}$ を与え,側鎖重合度が 33 に増加すれば $\lambda^{-1} = 22\,\mathrm{nm}$ (Θ 点),$36\,\mathrm{nm}$ (良溶媒中) に増加することが報告されている[19].すなわち,良溶媒であるほど,また側鎖重合度が大きくなるほど,主鎖は剛直になる.

4.2.2 AFM 観察

AFM を用いることでボトルブラシ一分子を可視化できるため,長さ (counter 長),幅,曲率などの測定値に基づき種々の解析が可能となる.例えば,Langmuir-Blodgett 法と AFM 測定を組み合わせて,単位面積当たりの質量を前者から,一方,ボトルブラシの数と長さを後者から測定することで,絶対分子量 (質量 ÷ 本数) と分子量分布が見積

もられている[20]. 側鎖重合度の増加に伴う主鎖の伸張, すなわち持続長の増加も定量化されている[21,22]. ただし, 固体基板上 (二次元) は溶液中 (三次元) とは異なる環境であり, 吸着に起因するロッド-グロビュール転移[23] や側鎖の不均一な分配による湾曲[24] などの現象があることに留意されたい.

4.3 高次構造形成

持続長の大きなボトルブラシは, アスペクト比 (有効持続長÷有効厚み) に応じて, ある濃度以上でリオトロピック液晶相を発現することが, SAXS 測定による先鋭なピークの出現により確認されている[25,26]. これは, 剛直な棒状分子が, 溶液中, ある濃度以上で排除体積効果により配列してネマチック液晶を形成するものであり, オンサガー (Onsager) 理論で説明できる. 事実, みみず鎖モデルで得られるパラメータと液晶相発現濃度の相関も報告されている[27,28].

最近では, 異種側鎖がグラフト化されたボトルブラシの自己組織化にも注目が集まる. 例えば, PS-ブロック-(PBIEM-グラフト-ポリアクリル酸) のようなブラシ-コイル型コポリマーは水中で星型のようなミセルを形成する[29]. また, ジブロックコポリマーが形成するミクロ相分離と同様に, ブロック型ボトルブラシ (図 4.4 左) もシリンダー・ラメラ・球などの高次構造を形成する. ドメインサイズが直鎖型よりも大きいことが特徴であり[30,31], これを応用したフォトニック結晶[32] が提案されている.

4.4 応用

ボトルブラシ 1 分子を 1 つのナノ物質と捉えれば, 金属や半導体のテンプレートとして利用したり[33], 界面活性剤や分散剤として使ったり[34], あるいは生体機能材料としてバイオイメージングやドラッグデリバリーシステムのナノキャリアとして使ったり[35], 応用はますます広がっている. また, スピンコート法・インクジェット法・ディップコート法などによりボトルブラシを固体基板上に塗布したり, ゲルや樹脂などとの複合化により, 優れた特性を有する材料も創製可能である.

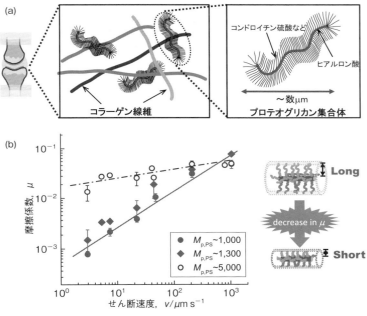

図 4.5 (a) 生体軟骨模式図. (b) ボトルブラシの低摩擦特性.

一例として,高強度・低摩擦材料の設計例を紹介する.間接軟骨では,コラーゲン線維ネットワークとプロテオグリカン会合体が階層構造を形成し,それぞれが役割分担(力学物性向上と機能発現)することによって強度と潤滑性が高度なレベルで両立されている(図 4.5(a)).ここで,注目するのは低摩擦成分のプロテオグリカン会合体である.これは,細胞外タンパク質と解離基(負電荷)を多数有する多糖が作るボトルブラシ様巨大構造体であり,コラーゲン線維ネットワーク内でハイドロゲルを形成することで,解離基に基づく静電相互作用により高潤滑が実現されている.他方,前章では,濃厚ポリマーブラシが発現する非貫入性相互作用による極低摩擦特性について述べた.この優れた特性と階層構造化を組み合わせた例を次に紹介する.設計の鍵は,濃厚/準希薄ポリマーブラシ密度境界(第 2 章参照;$\sigma^* = 10\%$)を設計指

針として側鎖長を制御したボトルブラシの利用にある．具体的には，側鎖長の異なるボトルブラシの架橋ゲル膜を作製し，その表面摩擦特性を評価したところ（図4.5(b))，側鎖長の十分に小さいサンプルでは摩擦係数 μ がせん断速度 v に依存（両者にはべき乗則が成立）し，流体潤滑機構が示唆されるとともに，低せん断速度域で μ 値が大きく低下することが判明した[36]．これは，グラフトポリマー鎖が短くなるにつれてボトルブラシの最外表面積が減少し，結果として最表面における有効グラフト密度が増大したためと考察できる．すなわち，有効グラフト密度における準希薄ポリマーブラシ領域から濃厚ポリマーブラシ領域への変化に起因すると考えられ，目論みどおりグラフトポリマー鎖長の精密制御がボトルブラシ型ゲルの特性に大きく影響することが明らかとなった．摩擦特性の大きく変化する側鎖長が，伸び切り鎖形態を仮定した最外表面での表面占有率で $\sigma^* = 10\%$ に相当することは興味深い．

さらに，上記生体系に倣い，ナノファイバーとの複合化により，強度と潤滑性の両立も実現される．具体的には，バクテリアセルロース（食品のナタデココとして知られる）を圧縮，乾燥させて作製したセルロースナノファイバーの不織布に，上記の側鎖長制御されたボトルブラシを含浸，架橋固定した複合膜で，ボトルブラシ膨潤溶媒中，濃厚ポリマーブラシ表面に匹敵する極低摩擦特性に加えて，高い引張強度が確認されている．

同様のボトルブラシ設計により，他の濃厚ポリマーブラシ効果の発現も期待される．具体的には，親水性側鎖を有するボトルブラシをシリコン基板上にスピンコート成膜，分子間架橋を施した膜にマウス繊維芽細胞L929を播種したところ，グラフトポリマー鎖長の短いボトルブラシ膜において細胞接着の著しい抑制が確認されている[37]．低吸着性防汚表面コーティングとして期待される．

参考文献

1) M. Schappacher and A. Deffieux: *Macromol. Chem. Phys.* **198**, 3953 (1997).
2) H. Gao and K. Matyjaszewski: *J. Am. Chem. Soc.* **129**, 6633 (2007).

3) A. C. Engler, H. Lee, and P. T. Hammond: *Angew. Chem. Int. Ed.* **48**, 9334 (2009).
4) I. Gadwal, J. Rao, J. Baettig, and A. Khan: *Macromolecules* **47**, 35 (2014).
5) K. L. Beers, S. G. Gaynor, K. Matyjaszewski, S. S. Sheiko, and M. Möller: *Macromolecules* **31**, 9413 (1998).
6) R. Venkatesh, L. Yajjou, C. E. Koning, and B. Klumperman: *Macromol. Chem. Phys.* **205**, 2161 (2004).
7) K. Matyjaszewski, J-L. Wang, T. Grimaud, and D. A. Shipp: *Macromolecules* **31**, 1527 (1998).
8) Y. Tsukahara, K. Mizuno, A. Segawa, and Y. Yamashita: *Macromolecules* **22**, 1546 (1989).
9) S. Jha, S. Dutta, and N. B. Bowden: *Macromolecules* **37**, 4365 (2004).
10) Y. Xia, J. A. Kornfield, and R. H. Grubbs, *Macromolecules* **42**, 3761 (2009).
11) G. Deng and Y. Chen: *J. Polym. Sci. Part A : Polym. Chem.* **47**, 5527 (2009).
12) A. O. Moughton, T. Sagawa, W. M. Gramlich, M. Seo, T. P. Lodge, and M. A. Hillmyer: *Polym. Chem.* **4**, 166 (2013).
13) M. Zhang and A. H. E. Mueller: *J. Polym. Sci. Part A : Polym. Chem.* **43**, 3461 (2005).
14) R. Javid: *ACS Macro Lett.* **1**, 1146 (2012).
15) Y. Xia, B. D. Olsen, J. A. Kornfield, and R. H. Grubbs: *J. Am. Chem. Soc.* **131**, 18525 (2009).
16) J. Rzayev: *Macromolecules* **42**, 2135 (2009).
17) M. Wintermantel, M. Schmidt, Y. Tsukahara, K. Kajiwara, and S. Kohjiya: *Macromol. Rapid Commun.* **15**, 279 (1994).
18) M. Wintermantel, M. Gerle, K. Fischer, M. Schmidt, I. Wataoka, H. Urakawa, K. Kajiwara, and Y. Tsukahara: *Macromolecules* **29**, 978 (1996).
19) K. Terao, Y. Nakamura, and T. Norisuye: *Macromolecules* **32**, 711 (1999).
20) S. S. Sheiko, M. da Silva, D. Shirvaniants, I. LaRue, S. Prokhorova, M. Moeller, K. Beers, and K. Matyjaszewski: *J. Am. Chem. Soc.* **125**, 67725 (2003).
21) S. S. Sheiko, F. C. Sun, A. Randall, D. Shirvanyants, M. Robinstein, H. Lee, and K. Matyjaszewski: *Nature* **440**, 191 (2006).
22) N. Gunari and M. Schmidt: A. Janshoff, *Macromolecules* **39**, 2219 (2006).
23) F. Sun, S. S. Sheiko, M. Möller, K. Beers, and K. Matyjaszewski: *J.*

Phys. Chem. A **108**, 9682 (2004).
24) I. I. Potemkin, A. R. Khokhlov, S. Prokhorova, S. S. Sheiko, M. Möller, K. L. Beers, and K. Matyjaszewski: *Macromolecules* **37**, 3918 (2004).
25) M. Wintermantel, K. Fischer, M. Gerle, R. Ries, M. Schmidt, K. Kajiwara, H. Urakawa, and I. Wataoka: *Angew. Chem. Int. Ed.* **34**, 1472 (1995).
26) Y. Tsukahara, Y. Ohta, and K. Senoo: *Polymer* **36**, 3413 (1995).
27) 前野光史,中村洋,寺尾憲,佐藤尚弘,則末尚志:高分子論文集 **56**, 254 (1999).
28) Y. Nakamura, M. Koori, Y. Li, and T. Norisuye: *Polymer* **49**, 4877 (2008).
29) N. Khelfallah, N. Gunari, K. Fischer, G. Gkogkas, N. Hadjichristidis, and M. Schmidt: *Macromol. Rapid Commun.* **26**, 1693 (2005).
30) M. B. Runge, C. E. Lipscomb, L. R. Ditzler, M. K. Mahanthappa, A. V. Tivanski, and N. B. Bowden: *Macromolecules* **41**, 7687 (2008).
31) J. Rzayev: *Macromolecules* **42**, 2135 (2009).
32) G. M. Miyake, V. A. Piunova, R. A. Weitekamp, and R. H. Grubbs: *Angew. Chem. Int. Ed.* **51**, 11246 (2012).
33) M. Zhang and A. H. E. Müller: *J. Polym. Sci. Part A : Polym. Chem.* **43**, 3461 (2005).
34) Y. Zhang, H. He, and C. Gao: *Macromolecules* **41**, 9581 (2008).
35) R. Verduzco, X. Li, S. L. Pesek, and G. E. Stein: *Chem. Soc. Rev.* **44**, 2405 (2015).
36) A. Nomura, et al.: to be published.
37) 中川佑嘉,吉川千晶,榊原圭太,辻井敬亘:繊維学会予稿集 **70**, 100 (2015).

第 5 章

ポリマーブラシ付与微粒子の種類

5.1 微粒子の表面修飾

　微粒子に関する研究は，基礎，応用を問わず古くから盛んに行われ，今なお活発な研究分野の1つである．微粒子の高い有用性が認識され，応用技術への展開が期待されるためであり，事実，医療，電子・光学材料など幅広い分野への実用化が進められている．微粒子の表面を高分子で修飾することは，分散安定性の向上や機能の付与などの観点から重要であり，様々な手法によって行われている．例えば，末端反応性高分子を用い共有結合を介して修飾する方法，両親媒性コポリマーを用い物理吸着によって修飾する方法，異符号電荷の相互作用を利用した交互積層法などがある．また，表面開始 LRP（SI-LRP）の簡便性と汎用性を活かし，様々な種類の微粒子表面にポリマーブラシが付与されており，以下にその代表例を紹介する．

5.2 金属酸化物微粒子

5.2.1 シリカ微粒子

　微粒子表面からの LRP は，シリカ微粒子を基材としてはじめて行われた[1,2]．当初は，シリカ微粒子の粒径がグラフト重合に影響を及ぼすといわれたが，現在では粒径依存性がほとんどないことが証明されている．SI-LRP を行うためには微粒子表面への重合開始基の導入が必要である．シリカ微粒子表面にはシランカップリング剤により容易に開始基を導入できるため，これまでに多くの報告がある．ATRP[3]，NMP[4]，RAFT 重合[5] などの重合系に適用できるシランカップリン

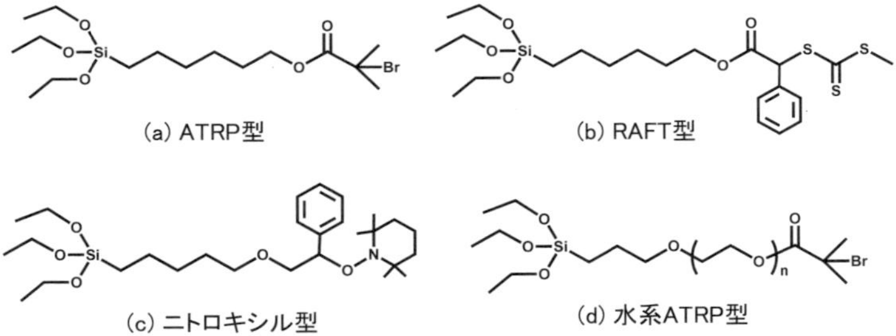

(a) ATRP型

(b) RAFT型

(c) ニトロキシル型

(d) 水系ATRP型

図 5.1 各種固定化開始剤の化学構造.

グ剤が合成されている（図 5.1）．代表例としては，重合開始基を有するアリル化合物とクロロシランまたはアルコキシシランをカルステッド触媒存在下で反応させる方法がある．また，重合系を変換することが可能であり，例えば，ATRP 開始基付与シリカ微粒子を遷移金属錯体と RAFT 剤を用いて反応させれば，その微粒子は RAFT 重合に適用できる[6]．水系で LRP が比較的容易に達成できることは，他のリビング重合系に比べ有利である．しかし，重合開始基担持シリカ微粒子は，その表面が疎水性となり水中に分散しない．そのため，オリゴエチレングリコールユニットを有する開始基担持シランカップリング剤が合成され（図 5.1(d)），水中で高い分散性を示す開始基担持シリカ微粒子が調製された[7]．オリゴエチレングリコールは各種有機溶媒に対しても親和性があり，汎用性に優れる開始剤である．

5.2.2 酸化鉄ナノ粒子

ヘマタイト（$\alpha\text{-}Fe_2O_3$），ゲーサイト（$\alpha\text{-}FeOOH$），マグネタイト（Fe_3O_4），マグヘマイト（$\gamma\text{-}Fe_2O_3$）などの酸化鉄からなるナノ粒子は，着色顔料，記録材料，印刷用トナー・インク，MRI 造影剤や温熱療法薬剤などの医療材料として既に実用化されている[8]．それらの多くは共沈法や鉄イオン錯体の熱分解法などによって合成され，元素組成，粒径，粒径分布，表面組成などが異なる多くの酸化鉄ナノ粒子が存在する．

一般的には，シランカップリング剤で LRP 開始基を導入するが[9,10]，

シリカ微粒子に適用した反応条件では，開始基導入量が少ない，凝集物が生じるなど，良好な結果を得られないことが多々ある．表面電荷やナノ粒子調製時の分散剤の有無などが影響していると考えられるが詳細は不明である．また，カルボン酸と重合開始基を併せもつ化合物を合成し，配位結合により酸化鉄ナノ粒子を修飾する方法がある[11,12]．しかし，この方法でグラフトされたポリマーブラシは，カルボン酸を有する化合物と混合することにより容易に脱グラフトすることが知られており安定な修飾法であるとは言い難い．さらに，コバルトやマンガンをドープした高い磁化率を有する酸化鉄ナノ粒子からのSI-LRPに関する報告もある[11]．

5.2.3 その他の金属酸化物微粒子

多くの金属酸化物微粒子の表面には水酸基が存在しており，シランカップリング剤処理や配位結合を介してLRP開始基を導入できる[13]．チタニアナノ粒子からのSI-LRPは，シランカップリング剤による開始基導入法を用いて最もよく使われている[14]．チタニアとカルボン酸またはリン酸が配位結合を形成することを利用して開始基を導入することもできる（図 **5.2**）[15,16]．また，水酸基（-TiOH）に開始基を有する酸クロライドを直接反応させる方法があるが[17]，形成した粒子表面のエステル結合は不安定であり加水分解に注意を要する．

酸化亜鉛ナノ粒子を合成する際，3-ヒドロキシプロピオン酸をリガンド分子として用いることで表面に水酸基を導入し，次いで，LRP開始基を有する酸ブロマイドを反応させ開始基を導入できる[18]．硫化亜鉛微粒子の表面は酸化されやすいために酸化亜鉛層が存在する．そこに，シランカップリング剤を使ってATRP開始基を導入しポリマーブラシを付与することが試みられたが，重合触媒の銅と微粒子内の硫黄原

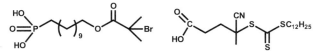

図 **5.2** チタニアと配位結合する固定化開始剤の化学構造．

子による相互作用により微粒子が着色した．微粒子表面をシリカで被覆して銅の侵入を防ぐ試みでは着色を完全には抑制できず，ニトロキシド媒介重合によってポリマーブラシが導入されている[4]．

5.3 金属ナノ粒子

金属ナノ粒子はその導電性のみならず，粒子表面のプラズモン共鳴による特異な電子・光物性を示すことから，様々な用途展開が期待されている．代表的な金属ナノ粒子として金または銀ナノ粒子がある[19]．それらの表面にはチオールやジスルフィド化合物を使って LRP 開始基を導入できる．ドデカンチオール被覆金ナノ粒子を先ず合成し，重合開始基を有するチオール化合物とのリガンド交換反応により開始基を金ナノ粒子表面に導入する方法がある[20]．また，ウンデカノール被覆金ナノ粒子を LRP 開始基含有酸ブロマイドと反応させることで開始基の導入が可能である[21]．しかし，これらの方法は多段階であるためナノ粒子の分散性が悪くなることがあるため，図 5.3 に示すように，開始基を有するジスルフィド化合物の存在下で金ナノ粒子を調製することで簡便に開始基を導入する方法が開発されている[22]．

チオールまたはジスルフィド化合物と金属ナノ粒子表面で形成した結合は不安定であり，グラフト重合は比較的低温で行う必要がある．また，ポリマーブラシ付与金ナノ粒子を高温下で取り扱うことには注意を要する．金ナノ粒子表面に薄い架橋層を導入した後，ポリマーブラシを付与することで安定性を高めることができる[23,24]．合成したポリマーブラシ付与金ナノ粒子は，110℃ で 24 時間放置しても非常に高い分散

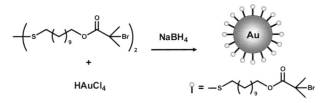

図 5.3 開始基含有ジスルフィド化合物存在下での金ナノ粒子の合成．

出典：K. Ohno, K. Koh, Y. Tsujii, and T. Fukuda: *Macromolecules* **35**, 8989 (2002).

性を維持していた.また,シリカ被覆金ナノ粒子を用いれば不安定なAu–S結合を介することなく,シランカップリング剤により開始基を導入できる[25].

5.4 高分子微粒子

様々な手法で高分子微粒子表面にポリマーブラシを導入することができる[26].ジビニルベンゼンの分散重合により調製した微粒子表面には多くのビニル基が存在するため,HCl または HBr 処理により ATRP 開始基へと変換できる[27].また,2-ヒドロキシルエチルメタクリレートとジビニルベンゼンの分散共重合により水酸基を含有する高分子微粒子を調製し,開始基を有する酸ハロゲン化合物と反応させ開始基を導入できる[28].この場合,反応条件を適切に選択することにより,微粒子内における開始基分布を制御できることが知られている.

PS微粒子をシードとし,スチレンと開始基を有するモノマー(イニマー,図5.4)を用いてシードを成長させることにより高分子微粒子表面に重合開始基を導入できる[29].また,スチレンとイニマーを混合し乳化重合することによっても微粒子を合成することが可能であり,重合条件の適切な選択により粒径を幅広く制御することに成功している[30].

適当な分散安定剤を含んだ水溶液に,ジビニル化合物を含んだモノマー,LRP開始剤,触媒の混合溶液を添加し,ミニエマルション重合により,粒径の均一なナノ粒子(ナノジェル)を合成することができる[31].また,この重合のモノマー転化率がほぼ100%に達した後,第二モノマーを添加することにより,ナノ粒子に存在する重合開始基から

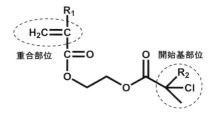

図 5.4 イニマーの化学構造.

さらにポリマー鎖を付与することが可能である．なお，高分子微粒子表面からの重合では溶媒を適切に選択し，重合溶液で微粒子が膨潤することを防ぎ粒子内部で重合が進行しないよう反応条件を設定することが必要である．

5.5 カーボンナノ材料

カーボン材料は古くから，複合化により高分子材料の力学的強度を上げるなどの目的で使われてきた．最近では，ナノレベルで構造を制御し新しい機能・物性を発現するカーボンナノ材料が開発されている．カーボンブラックの表面には，調製法に依存するもののカルボン酸や水酸基などの官能基が存在するため，比較的容易に開始基を導入できる．例えば，図 5.5 に示すように，カルボン酸を塩化チオニルで処理し酸ハロゲン化物を得た後，水酸基と重合開始基を併せもつ化合物と反応することにより開始基を導入できる[32,33]．同様に，ジオール化合物を付加した後，開始基含有酸ハロゲン化物と反応することで開始基を導入でき，水酸基と重合開始基を併せもつ化合物の合成を省くことができる[34]．また，水酸基を多く含むカーボンブラックは，開始基含有酸ハロゲン化物と反応させることで容易に開始基を導入できる．

カーボンナノチューブ表面の官能基は少ないが，硫酸／硝酸で処理することによりカルボン酸を付与できるため重合開始基を導入することが可能である[35-38]．ベンゾシクロブテン誘導体を用いたディールス・アルダー環化付加反応は，カーボンナノチューブの修飾法として有用であるため[39]，これを利用した開始基の導入が行われている[40]．また，アルキンで表面修飾したカーボンナノチューブとアジド基および重合開始基を有するコポリマーとのクリック反応によって開始基を導入する方法が報告されている[41]．

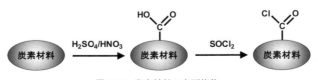

図 5.5 炭素材料の表面修飾．

非常にユニークな二次元六方炭素骨格を有するグラフェンは，多くの優れた特性を示すことから近年注目されている[42]．酸化グラフェンをヒドラジン処理により還元型酸化グラフェンとしたのち，4-アミノフェニルアルコールとの反応により表面に水酸基を付与できる．それに酸ブロマイドを反応させ開始基担持グラフェンの合成に成功している[43]．また，他のカーボン材料と同様に酸化グラフェン表面のカルボン酸を塩化アシル基とした後，開始基を導入する方法が報告されている[44]．RAFT機構を使った酸化グラフェン表面におけるグラフト重合が行われているが，グラフェンへの低分子RAFT剤の結合様式に問題があり，グラフト重合が十分に制御されて進行していないのが現状である[45]．さらに，LRPにより合成した末端官能性高分子を用いて，クリック反応やπ-πスタッキングを利用したGrafting-to様式による酸化グラフェンの表面修飾が行われている[46,47]．

参考文献

1) T. von Werne and T. E. Patten: *J. Am. Chem. Soc.* **121**, 7409 (1999).
2) T. von Werne and T. E. Patten: *J. Am. Chem. Soc.* **123**, 7497 (2001).
3) K. Ohno, T. Morinaga, K. Koh, Y. Tsujii, and T. Fukuda: *Macromolecules* **38**, 2137 (2005).
4) V. Ladmiral, T. Morinaga, K. Ohno, T. Fukuda, and Y. Tsujii: *Eur. Polym. J.* **45**, 2788 (2009).
5) K. Ohno, Y. Ma, Y. Huang, C. Mori, Y. Yahata, Y. Tsujii, T. Maschmeyer, J. Moraes, and S. Perrier: *Macromolecules* **44**, 8944 (2011).
6) Y. Tsujii, M. Ejaz, K. Sato, A. Goto, and T. Fukuda: *Macromolecules* **34**, 8872 (2001).
7) K. Ohno, H. Tabata, and Y. Tsujii: *Colloid Polym. Sci.* **291**, 127 (2013).
8) L. H. Reddy, J. L. Arias, J. Nicolas, and P. Couvreur: *Chem. Rev.* **112**, 5818, (2012).
9) Y. Sun, X. Ding, Z. Zheng, X. Cheng, X. Hu, and Y. Peng: *Eur. Polym. J.* **43**, 762 (2007).
10) T. Ninjbadgar, S. Yamamoto, and T. Fukuda: *Solid State Sci.* **6**, 879 (2004).

11) C. R. Vestal and Z. J. Zhang: *J. Am. Chem. Soc.* **124**, 14312 (2002).
12) R. Matsuno, K. Yamamoto, H. Otsuka, and A. Takahara: *Macromolecules* **37**, 2203 (2004).
13) A. M. Shanmugharaj, W. S. Choi, and S. H. Ryu: *J. Polym. Sci. Part A : Polym. Chem.* **48**, 5092 (2010).
14) W. Wang, H. Cao, G. Zhu, and P. Wang: *J. Polym. Sci. Part A : Polym. Chem.* **48**, 1782 (2010).
15) B. Hojjati and P. A. Charpentier: *J. Polym. Sci. Part A : Polym. Chem.* **46**, 3926 (2008).
16) B. Barthélémy, S. Devillers, I. Minet, J. Delhalle, and Z. Mekhalif: *J. Colloid Interface Sci.* **354**, 873 (2011).
17) J. T. Park, J. H. Koh, J. A. Seo, Y. S. Cho, and J. H. Kim: *Appl. Surf. Sci.* **257**, 8301 (2011).
18) M. Sato, A. Kawata, S. Morito, Y. Sato, and I. Yamaguchi: *Eur. Polym. J.* **44**, 3430 (2008).
19) H. Jans and Q. Huo: *Chem. Soc. Rev.* **41**, 2849 (2012).
20) S. Nuss, H. Böttcher, H. Wurm, and M. L. Hallensleben: *Angew. Chem. Int. Ed.* **40**, 4016 (2001).
21) T. K. Mandal, M. S. Fleming, and D. R. Walt: *Nano Lett.* **2**, 3 (2002).
22) K. Ohno, K. Koh, Y. Tsujii, and T. Fukuda: *Macromolecules* **35**, 8989 (2002).
23) H. Dong, M. Zhu, J. A. Yoon, H. Gao, R. Jin, and K. Matyjaszewski: *J. Am. Chem. Soc.* **130**, 12852 (2008).
24) A. Kotal, T. K. Mandal, and D. R. Walt: *J. Polym. Sci. Part A : Polym. Chem.* **43**, 3631 (2005).
25) J. Matsui, S. Parvin, E. Sato, and T. Miyashita: *Polym. J.* **42**, 142 (2010).
26) G. Zheng and H. D. H. Stötver: *Chin. J. Polym. Sci.* **6**, 639 (2003).
27) G. Zheng and H. D. H. Stötver: *Macromolecules* **35**, 6828 (2002).
28) G. Zheng and H. D. H. Stötver: *Macromolecules* **35**, 7612 (2002).
29) K. N. Jayachandran, A. Takacs-Cox, and D. E. Brooks: *Macromolecules* **35**, 4247 (2002).
30) T. Taniguchi, M. Kasuya, Y. Kunisada, T. Miyai, H. Nagasawa, and T. Nakahira: *Colloids Surf. B. : Biointerf.* **71**, 194 (2009).
31) K. Min, H. Gao, J. A. Yoon, W. Wu, T. Kowalewski, and K. Matyjaszewski: *Macromolecules* **42**, 1597 (2009).
32) T. Liu, S. Jia, T. Kowalewski, and K. Matyjaszewski: *Langmuir* **19**, 6342 (2003).
33) T. Liu, S. Jia, T. Kowalewski, and K. Matyjaszewski: *Macromolecules* **39**, 548 (2006).

34) Q. Yang, L. Wang, W. Xiang, J. Zhou, and Q. Tan: *J. Polym. Sci. Part A : Polym. Chem.* **45**, 3451 (2007).
35) C. Gao, C. D. Vo, Y. Z. Jin, W. Li, and S. P. Armes: *Macromolecules* **38** 8634 (2005).
36) W. T. Ford: *Macromol. Symp.* **297**, 18 (2010).
37) T. J. Aitchison, M. Ginic-Markovic, M. Saunders, P. Fredericks, S. Valiyaveettil, J. G. Matisons, and G. P. Simon: *J. Polym. Sci. Part A : Polym. Chem.* **49**, 4283 (2011).
38) Y. Chang, P. Lin, M. Wu, and K. Lin: *Polymer* **53**, 2008 (2012).
39) G. Sakellariou, H. Ji, J. W. Mays, N. Hadjichristidis, and D. Baskaran: *Chem. Mater.* **19**, 6370 (2007).
40) D. Priftis, G. Sakellariou, D. Baskaran, J. W. Mays, and N. Hadjichristidis: *Soft Matter* **5**, 4272 (2009).
41) Y. Zhang, H. He, and C. Gao: *Macromolecules* **41**, 9581 (2008).
42) A. Badri, M. R. Whittaker, and P. B. Zetterlund: *J. Polym. Sci. Part A : Polym. Chem.* **50**, 2981 (2012).
43) M. Fang, K. G. Wang, H. B. Lu, Y. L. Yang, and S. Nutt: *J. Mater. Chem.* **19**, 7098 (2009).
44) G. Goncalves, P. Marques, A. Barros-Timmons, I. Bdkin, M. K. Singh, N. Emami, and J. Gracio: *J. Mater. Chem.* **20**, 9927 (2010).
45) B. Zhang, Y. Chen, L. Q. Xu, L. J. Zeng, Y. He, E. T. Kang, and J. J. Zhang: *J. Polym. Sci. Part A : Polym. Chem.* **49**, 2043 (2011).
46) S. T. Sun, Y. W. Cao, J. C. Feng, and P. Y. Wu: *J. Mater. Chem.* **20**, 5605 (2010).
47) J. Q. Liu, W. R. Yang, L. Tao, D. Li, C. Boyer, and T. P. Davis: *J. Polym. Sci. Part A : Polym. Chem.* **48**, 425 (2010).

第6章

ポリマーブラシ付与微粒子の精密合成

6.1 単分散複合微粒子

ポリマーブラシを微粒子表面に付与する際,微粒子の高い分散性を維持しながら行うことは容易なことではない.図6.1は,シリカ微粒子表面へのLRP開始基の導入法および重合系を工夫し,極めて分散性の高いポリマーブラシ付与シリカ微粒子を合成するスキームを示している[1].重要なことは,シリカ表面への開始基の導入が,トリエトキシシラン誘導体のシランカップリング剤(2-ブロモ-2-メチルプロピオニルオキシヘキシルトリエトキシシラン,BHE)を用いて行われていることである.同目的のために,従来はクロロシラン誘導体が使われていた.これは反応性が高いが,非プロトン性溶媒を反応媒体とする必要がある.しかし,シリカ微粒子の非プロトン性溶媒に対する分散性が悪いため,反応の均一性に欠けてしまう.一方,トリエトキシシラン誘導体を用いた場合,プロトン性溶媒を使用できる.事実,エタノール中,触媒としてアンモニアの存在下で反応を行い,分散性の高いLRP開始基担持シリカ微粒子が合成されている.

図6.1には,典型的な重合例として,銅錯体,開始基担持シリカ微粒子,遊離開始剤の存在下におけるMMAの重合が示されている.ここで,遊離開始剤を添加する主な目的は,重合系にゲル化を引き起こす微粒子間停止反応を抑制することにある.グラフト化微粒子の生産性などを考慮し,開始基担持微粒子と遊離開始剤の濃度比を決定する必要がある.重合後,フッ酸によりシリカ微粒子を溶解,回収したグラフトポリマーの数平均分子量は,モノマー転化率の増加に伴い増加し,遊離開始

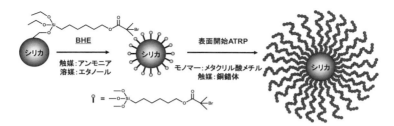

図 **6.1** シリカ微粒子上のおける表面開始リビングラジカル重合.
出典:K. Ohno, T. Morinaga, K. Koh, Y. Tsujii, and T. Fukuda: *Macromolecules* **38**, 2137 (2005).

剤濃度およびグラフト密度を考慮した有効固定化開始基密度から計算される理論値とほぼ一致した. また, 分子量分布指数は 1.2 前後の比較的小さな値を示した. さらに, グラフト密度は重合時間によらず約 0.7 chains/nm^2 であった. これらの結果は, 規制重合の進行と構造の明確な高分子の高密度グラフト化を示している. さらに, 重合後においても, 複合微粒子が高い均一性と分散性を保持していることが動的光散乱法により確認されている.

6.2 異形粒子

6.2.1 ヤヌス粒子

1つの微粒子に2つの異なる面を持つ粒子をヤヌス粒子と呼び, 1つの微粒子の片面のみにポリマーブラシを有するものや, 片面ずつ異なるポリマーブラシを持つ微粒子が合成されている. ATRP 開始基で表面修飾したシリカ微粒子により油中水型ピッカリングエマルション (コロイド粒子や粉体を使って安定化されたエマルション) を調製し, その構造を保持しながらエマルション内でアクリルアミドの ATRP を行い, シリカ粒子の片面にポリアクリルアミドブラシを付与した (図 **6.2**)[2]. ヤヌス構造の形成は, グラフト重合後に負に帯電したナノ粒子がシリカ微粒子の片面のみに吸着することから支持される. 同系において, 油中でスチレンの重合を行えば, PS ブラシを片面に有するヤヌス粒子も合成できる.

アミノプロピルトリエトキシシランで修飾したシリカ微粒子を使って

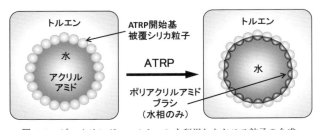

図 6.2 ピッカリングエマルションを利用したヤヌス粒子の合成.

出典：B. Liu, W. Wei, X. Qu, and Z. Yang: *Angew. Chem. Int. Ed.* **47**, 3973 (2008).

水中油型ピッカリングエマルションを調製し，水相でATRP開始基の導入を行うことで片面のみに重合開始基を有するシリカ微粒子を合成できる[3]．その後，アクリレートまたはアクリルアミド誘導体の重合を行うことにより，ポリマーブラシ付与ヤヌス粒子が得られている．さらに，カルボキシル基末端ポリマーと反応することにより，ヤヌス粒子に片面ずつ異なるポリマーブラシを付与できる．

チオールを末端に有するポリエチレンオキシド（PEO）の単結晶（厚さ＝約12 nm）の表面に金ナノ粒子を固定し，次いで，PEOと接していない粒子表面にATRP開始基を導入できる[4]．その後，MMAの重合を行うことによりPMMAブラシとPEOブラシを片面ずつ持つヤヌス粒子が合成されている．同様に，アルコキシシランを末端に有するポリ(ε-カプロラクトン)（PCL）から単結晶を作製し，その表面に直径40～50 nmのシリカ粒子を固定化，ATRP重合開始基を導入，N-イソプロピルアクリルアミド（NIPAM）の重合を行うことにより，PCLブラシとPNIPAMブラシからなるヤヌス粒子が合成されている[5]．このヤヌス粒子の熱応答性集積挙動が，ポリマーブラシの分子量と粒子濃度に大きく依存することが報告されている．

PSとPMMAを溶解したトルエン溶液と分散安定剤を溶解した水溶液から懸濁液を調製し，トルエンを徐放することにより真球状や雪だるま状のヤヌス粒子を作製できる．この原理を利用し，ポリマーブラシ被覆ヤヌス粒子が合成されている[6,7]．BIEMとスチレンとのコポリマー（P(S-BIEM)）とPMMAを溶解したトルエン溶液とドデシル硫酸ナ

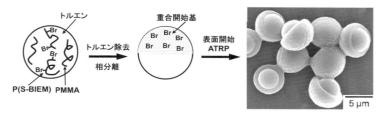

図 6.3 重合開始基含有ヤヌス粒子からのマッシュルーム型粒子の合成.
出典:T. Tanaka, M. Okayama, Y. Kitayama, Y. Kagawa, and M. Okubo: *Langmuir* **26**, 7843 (2010).

トリウム水溶液から膜乳化装置により懸濁滴を調製，トルエンを徐放することにより粒径約 5 μm の粒子を作製している．そのマクロ開始剤粒子エマルションと 2-(ジメチルアミノ)エチルメタクリレート，銅錯体を混合し，還元剤であるアスコルビン酸を加え 60℃ で重合を行った．その結果，図 6.3 の電子顕微鏡写真が示すように，重合開始基を有する P (S-BIEM) 側のみにポリ(2-(ジメチルアミノ)エチルメタクリレート) ブラシ層を有するマッシュルーム状ヤヌス粒子の創製に成功している．この粒子は，ポリ(2-(ジメチルアミノ)エチルメタクリレート) ブラシ層に特有の感温性および pH 応答性を示すことが確認されている．

6.2.2 ロッド型粒子

ロッド型ナノ粒子は，形状の異方性を反映した特異な物性を示すことから注目され，その表面グラフト化に関する研究も盛んである．最もよく研究されているロッド型粒子の1つである金ナノロッドは，臭化ヘキサデシルトリメチルアンモニウム (CTAB) の存在下，クロロ金酸を金イオン源，金ナノ粒子をシードとして成長させることにより得られる[8]．ATRP 開始基含有ジスルフィド化合物を金ナノロッドと混合しリガンド交換により金ナノロッド表面に ATRP 開始基を導入した後，SI-ATRP により PNIPAM ブラシを付与することに成功している[9]．興味深いことは，この複合ナノロッドに半導体レーザを用いて近赤外光 (波長 = 808 nm) を照射すると，金ナノロッドがそれを吸収し

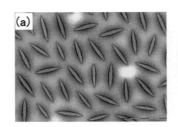 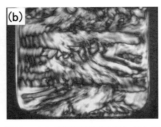

図 **6.4** ポリマーブラシ付与中空シリカナノ粒子の (a) 電子顕微鏡写真と (b) その分散液の偏光顕微鏡写真.

発熱するため,感温性 PNIPAM ブラシのコンフォメーションが変化し微粒子の分散状態を制御できることである.

　LRP により合成した高分子を用い Grafting-to 法により金ナノロッドを修飾する方法がある.特に,RAFT 重合は,金と反応するトリチオカルボニル基などを末端に有する高分子を与え当該目的には有用である[10].チオール末端高分子と CTAB 被覆金ナノロッドを所定濃度で混合すると,反応しやすい金ナノロッドの両末端を選択的に修飾できる[11].得られた複合金ナノロッドは,両末端がつながった状態で一次元配列するなど特徴的な自己組織体を形成し,その形状は用いる高分子の種類やナノロッドの濃度などにより制御可能であることが報告されている.

　ロッド型酸化鉄微粒子を ATRP 開始基含有シランカップリング剤で処理し,SI-ATRP により表面グラフト化が達成されている[12].同様にシリカ層被覆酸化鉄ロッドにポリマーブラシを付与した後,酸処理によりコアである酸化鉄を除去するとポリマーブラシ付与中空ロッド型粒子を合成できる.図 **6.4**(a) は,PMMA をグラフトした中空ロッドの透過型電子顕微鏡写真である.複合ロッド粒子が高い分散性を示すこと,内部の酸化鉄コアが除去され厚さ約 15 nm のシリカ層のみが残っていることが確認された.数平均分子量 (M_n) が 14,000 の PMMA をグラフトしたロッド粒子の分散液を偏光顕微鏡観察した結果,特定の濃度領域において図 6.4(b) に示す特徴的なテクスチャが観察された.これは,複合ロッド粒子が自発配向し液晶構造を形成することを示唆し

ている.しかし,グラフトポリマーの M_n が 120,000 の複合ロッド分散液では,特徴的なテクスチャは観察されなかった.これは,グラフトポリマーの M_n が大きくなり,複合微粒子の構造異方性が低下したためであると考えられる.

6.3 ポリマーブラシの精密設計

微粒子表面においても SI-LRP により,ブロックコポリマーや多分岐ポリマーのグラフト化,グラフト末端の機能化,混合ポリマーブラシの付与など様々な精密設計が可能である.1分子に NMP と ATRP の開始基を併せもつシランカップリング剤によりシリカ微粒子を修飾し,ATRP そして NMP を行えば異なるホモポリマーブラシが混合したグラフト層を微粒子表面に付与できる[13-15].

チオール末端ポリエチレングリコール(PEG)と ATRP 開始基含有ジスルフィドの混合液を用いて,リガンド交換反応により,金ナノ粒子や金ナノロッドの表面に PEG 鎖と ATRP 開始基を付与できる[16].その後,表面開始 ATRP を行うことにより混合ポリマーブラシのグラフト化に成功している.また,RAFT 重合により合成した種類の異なるジチオエステル基末端高分子の混合物と金ナノ粒子を反応させることによって混合ポリマーブラシを創製できる[17].

平板基板上ではなく微粒子表面の混合ポリマーブラシは学術的にも実際的にも興味深い.微粒子表面の混合ポリマーブラシの特性解析は,汎用の電子顕微鏡や熱分析装置を使用でき,比表面積が大きく評価しやすいため,混合ポリマーブラシの構造と機能に関し多くの知見が得られるようになった.溶液中またはバルク状態における混合ポリマーブラシのコンフォメーションや相分離挙動は,それぞれのグラフトポリマー鎖の長さや密度に大きく影響される[13].また,微粒子表面においては,その曲率が重要な因子であり,コア粒子の粒径とグラフトポリマー鎖長の関係を十分に考慮する必要がある[13,18].図 **6.5** に示すように,コア粒径とグラフトポリマー鎖長の比が異なれば,同じ混合ポリマーブラシの組み合わせであっても相分離挙動や溶液物性が大きく異なる.

コア粒径に比べてグラフトポリマー鎖長が十分に大きい場合,それぞ

 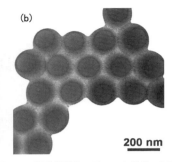

図 6.5 シリカ粒子表面の混合ポリマーブラシの相分離構造.グラフト鎖長:(a) 長い,(b) 短い.
出典:B. Zhao and L. Zhu: *Macromolecules* **42**, 9369 (2009).

れのホモポリマーで微粒子の片面ずつを覆うことが可能となり,ヤヌス粒子と同様に機能することが報告されている[19,20].

6.4 中空粒子

中空粒子は物質のカプセル化や徐放,また特殊反応場の提供ができることに加え,特異な光の反射・散乱特性を示すことから注目され,様々な手法で調製されており,SI-LRP による合成法も報告されている.シリカ微粒子表面にポリ(ベンジルメタクリレート)(PBzMA)ブラシをグラフトした後,水中でフッ酸処理しシリカコアを溶解することで中空粒子が得られるが,PBzMA の良溶媒中では中空構造は壊れてしまう[21].

より安定な中空粒子を創製するためブラシ層の架橋が行われている.ベンゾシクロブテン基担持ポリマーブラシ付与シリカ微粒子を熱処理しブラシ層を架橋した後,フッ酸処理でコア粒子を溶かし中空粒子を合成できる[22].また,無水マレイン酸ユニットを含んだポリマーブラシでは,ジアミンとの反応によりブラシ層を架橋している.しかし,これらの方法は,微粒子間の架橋を防ぐために非常に低い微粒子濃度で架橋反応する必要がある.

シリカ微粒子に第 1 ブロックとしてポリ(オキセタニルメタクリレート),第 2 ブロックとして PMMA からなるポリマーブラシをグラフト

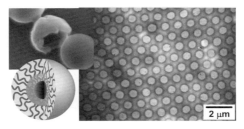

図 6.6 ポリマーブラシ付与中空微粒子の合成.

出典:T. Morinaga, M. Ohkura, K. Ohno, Y. Tsujii, and T. Fukuda: *Macromolecules* **40**, 1159 (2007).

し,ルイス酸処理により第1ブロックのオキセタニル基を使ってブラシ層を架橋した後,フッ酸処理により,図 6.6 に示す中空粒子を得ることに成功している[23].この合成法では高い微粒子濃度で架橋反応を行っても,微粒子間の架橋は起こらず高い分散性を保持できる.これは,PMMA ブロックが微粒子間の架橋を妨げる保護層となるためである.第2ブロックには架橋反応に関与しない各種高分子を適用できるため,機能性高分子を用いれば微粒子間架橋の抑制のみならず中空粒子に機能を付与することができる.

6.5 ポリマーブラシのナノ粒子による修飾

イオン性ポリマーブラシ付与微粒子に金属イオンを配位させ,還元することにより金属ナノ粒子をポリマーブラシ層内に形成させることができる.この方法により,金,銀,白金,パラジウムなどのナノ粒子が合成されている[24-27].また,中性ポリマーブラシであるが,PEG を側鎖に有するメタクリレート誘導体のポリマーブラシは,イオン性ポリマーブラシより銀ナノ粒子の形成が起こりやすいことが知られている[28].これらの複合微粒子のナノ粒子に由来する触媒活性が検討されている.

あらかじめ合成したナノ粒子を用いてポリマーブラシを修飾することが可能である.微粒子表面に付与した PNIPAM ブラシ末端にジスルフィド基を導入した後,金ナノ粒子と反応させることにより,最外層に複数の金ナノ粒子が存在する複合微粒子を調製できる[29].温度変化によ

りPNIPAMブラシのコンフォメーションが変化し，それに応じて金ナノ粒子の粒子間距離が変化することでプラズモン共鳴を制御できることが報告されている．

参考文献

1) K. Ohno, T. Morinaga, K. Koh, Y. Tsujii, and T. Fukuda: *Macromolecules* **38**, 2137 (2005).
2) B. Liu, W. Wei, X. Qu, and Z. Yang: *Angew. Chem. Int. Ed.* **47**, 3973 (2008).
3) S. Berger, A. Synytska, L. Ionov, K.-J. Eichhorn, and M. Stamm: *Macromolecules* **41**, 9669 (2008).
4) B. Wang, B. Li, B. Zhao, and C. Y. Li: *J. Am. Chem. Soc.* **130**, 11594 (2008).
5) T. Zhou, B. Wang, B. Dong, and C. Y. Li: *Macromolecules* **45**, 8780 (2012).
6) H. Ahmad, N. Saito, Y. Kagawa, and M. Okubo: *Langmuir* **24**, 688 (2008).
7) T. Tanaka, M. Okayama, Y. Kitayama, Y. Kagawa, and M. Okubo: *Langmuir* **26**, 7843 (2010).
8) B. Nikoobakht and M. A. El-Sayed: *Chem. Mater.* **15**, 1957 (2003).
9) Q. Wei, J. Ji, and J. Shen: *Macromol. Rapid Commun.* **29**, 645 (2008).
10) J. W. Hotchkiss, A. B. Lowe, and S. G. Boyes: *Chem. Mater.* **19**, 6 (2007).
11) A. Petukhova, J. Greener, K. Liu, D. Nykypanchuk, R. Nicolaÿ, K. Matyjaszewski, and E. Kumacheva: *Small* **8**, 731 (2012).
12) T. Sasano, Y. Huang, K. Ohno, T. Fukuda, and Y. Tsujii: *Polym. Preprints, Japan* **59**, 2821 (2010); Y. Huang, T. Sasano, Y. Tsujii, and K. Ohno: *Macromolecules* **49**, 8430 (2016).
13) B. Zhao and L. Zhu: *Macromolecules* **42**, 9369 (2009).
14) D. J. Li, X. Sheng and B. Zhao: *J. Am. Chem. Soc.* **127**, 6248 (2005).
15) L. Zhu and B. Zhao: *J. Phys. Chem. B* **112**, 11529 (2008).
16) L. Cheng, A. Liu, S. Peng, and H. Duan: *ACS Nano* **4**, 6098 (2010).
17) J. Song, L. Cheng, A. Liu, J. Yin, M. Kuang, and H. Duan: *J. Am. Chem. Soc.* **133**, 10760 (2011).
18) C. Boyer, M. R. Whittaker, M. Luzon, and T. P. Davis: *Macromolecules* **42**, 6917 (2009).
19) J. Shan, J. Chen, M. Nuopponen, T. Viitala, H. Jiang, J. Peltonen,

E. Kauppinen, and H. Tenhu: *Langmuir* **22**, 794 (2006).
20) E. R. Zubrev, J. Xu, A. Sayyad, and J. D. Gibson: *J. Am. Chem. Soc.* **128**, 15098 (2006).
21) T. K. Mandal, M. S. Fleming, and D. R. Walt: *Chem. Mater.* **12**, 3481 (2000).
22) S. Blomberg, S. Ostberg, E. Harth, A. W. Bosman, B. V. Horn, and C. J. Hawker: *J. Polym. Sci. Part A : Polym. Chem.* **40**, 1309 (2002).
23) T. Morinaga, M. Ohkura, K. Ohno, Y. Tsujii, and T. Fukuda: *Macromolecules* **40**, 1159 (2007).
24) Y. Mei, Y. Lu, F. Polzer, M. Ballauff, and M. Drechsler: *Chem. Mater.* **19**, 1062 (2007).
25) M. Schrinner, F. Polzer, Y. Mei, Y. Lu, B. Haupt, and M. Ballauff: *Macromol. Chem. Phys.* **208**, 1542 (2007).
26) Y. Lu, Y. Mei, M. Schrinner, M. Ballauff, M. W. Möller, and J. Breu: *J. Phys. Chem. C* **111**, 7676 (2007).
27) J. Yuan, S. Wunder, F. Warmuth, and Y. Lu: *Polymer* **53**, 43 (2012).
28) Y. Lu, Y. Mei, R. Walker, M. Ballauff, and M. Drechsler: *Polymer* **47**, 4985 (2006).
29) T. Wu, Q. Zhang, J. Hu, G. Zhang, and S. Liu: *J. Mater. Chem.* **22**, 5155 (2012).

第7章

ポリマーブラシ付与微粒子の構造と機能

7.1 微粒子表面におけるポリマーブラシの構造

グラフトポリマーの構造が、微粒子の曲率により表面からの距離に伴い変化することをここで考える。共通のシリカコア（直径 = 130 nm）とほぼ一定のグラフト密度（約 0.7 chains/nm^2）を持ち、PMMA グラフトポリマー鎖長を異にする一連の複合微粒子試料の流体力学的直径 $D_{\rm h}$ が動的光散乱法により測定された。流体力学的グラフト膜厚 h は、シリカコアの直径を D_0 として、$h = (D_{\rm h} - D_0)/2$ より評価できる。この h の値は、グラフトポリマー鎖に等しい分子量の自由鎖のコイルサイズよりはるかに大きく、調べた分子量領域（$88,000 \leq M_{\rm w} \leq 518,000$）で $M_{\rm w}^{0.83}$ に比例した。ここで、$M_{\rm w}$ は重量平均分子量である。

これらの大きな h と分子量指数を理解するため、Daoud-Cotton[1] のスケーリング模型を考える。この模型は星形ポリマーを対象とするものであるが、コア—シェル型複合微粒子のブラシ膜厚の問題に容易に拡張しうる[2]。結果を要約すると、ブラシ膜は半径 $r_{\rm c}$ を境界とし、これより内部を濃厚ポリマーブラシ層、外部を準希薄ポリマーブラシ層に二分される（図 **7.1**(a)）。濃厚ポリマーブラシ層では排除体積効果が遮蔽され、ブラシ膜厚は非摂動状態の「ブロブ」鎖の半径方向への積層で表現される。準希薄ポリマーブラシ層では、膨潤したブロブ鎖がこれに換わる。ここで、

$$r_{\rm c} = r_0 \sigma_0^{*1/2} v^{*-1} \tag{7.1}$$

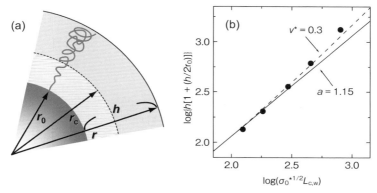

図 7.1 微粒子表面におけるポリマーブラシの構造.

出典：K. Ohno, T. Morinaga, S. Takeno, Y. Tsujii, and T. Fukuda: *Macromolecules* **40**, 9143 (2007).

であり, $v^* = (4\pi)^{1/2}v$, v は排除体積パラメータ[1]である. 濃厚ポリマーブラシ層の膜厚は ($h \leq r_c - r_0$ に対して)

$$h[1 + (h/2r_0)] = aL_c\sigma_0^{*1/2} \tag{7.2}$$

ここで a は 1 のオーダーの比例定数, L_c は伸び切り鎖長, σ_0^* は無次元グラフト密度(表面占有率)である. 一方, 濃厚―準希薄境界層をもつ系は, $h \geq (r_c - r_0)$ に対して

$$(h + r_0)^{5/3}\\ = \frac{5}{3}aL_c r_0^{2/3}\sigma_0^{*1/3}v^{*1/3}\left[\frac{1 + r_0(5 + \sigma_0^* v^{*-2})}{10aL_c\sigma_0^{*1/2}}\right] \tag{7.3}$$

となる.

図 7.1(b) に $h[1 + (h/2r_0)]$ と $L_c\sigma_0^{*1/2}$ の関係を両対数プロットで示す. 実線は式 (7.2) ($a = 1.15$) を, 破線は式 (7.3) ($a = 1.15$, $v^* = 0.3$) を表す. 実験点は低分子量域で濃厚ポリマーブラシに対応する勾配 1 の直線に, 高分子量域で準希薄ポリマーブラシ層を含む破線の曲線に近い. 図 7.1(b) より, この系では, 中央の実験点に対応する試料の分子量 ($M_w = 188{,}000$) 付近で排除体積効果が顕著に現れ始め, こ

れより大きい分子量域で準希薄ポリマーブラシ層に移行すると考えられる.

7.2 ポリマーブラシ付与微粒子の配列制御

7.2.1 一次元配列

LRPにより合成した末端に官能基(カルボン酸,アミン,ホスフィンオキシド)を有するPSの存在下でジコバルトオクタカルボニル($Co_2(CO)_8$)を熱分解することにより,直径約20 nmのPS付与コバルトナノ粒子を合成できる.コバルトナノ粒子の強磁性に起因した磁気双極子相互作用が複合粒子間に働くため,その分散液をキャストしたとき,溶媒の蒸発に伴い微粒子は一次元的に配列した集合体を形成する[3-5](図 7.2).また,磁場照射下では,磁場に沿って複合微粒子を直線的に配列させられる.配列様式は,グラフトポリマー鎖長,微粒子濃度,キャスト溶媒の種類に大きく依存する.例えば,分子量約1万のPSをグラフトしたコバルトナノ粒子のクロロベンゼン溶液(濃度 = 0.5 mg/mL)をキャストすると,複合粒子はネックレス状につながった状態で一次元配列する.ところが,グラフトポリマー鎖の分子量を約5千にしたとき,また,溶媒をトルエンにしたときにはネックレス状につながることはなかった.

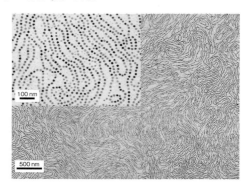

図 7.2 ポリスチレン付与コバルトナノ粒子の一次元配列構造.

出典:P. Y. Keng, I. Shim, B. D. Korth, J. F. Douglas, and J. Pyun: *ACS Nano* **1**, 279 (2007).

金ナノロッドの全体をポリマーでグラフトする際，ロッドの両末端のみに別の種類のポリマーを選択的に付与することができる．この複合ロッドの分散液をキャストしたとき，ロッドの両端がつながり一次元配列することが報告されている[6]．また，ブロックコポリマーで物理的に被覆した金ナノ粒子の分散液を調製し，その溶媒組成を徐々に変化させることにより，内部に金ナノ粒子が一次元配列したブロックコポリマーの紐状ミセルを構築することに成功している[7]．

7.2.2 二次元配列

SI-LRPによりPMMAをグラフトした直径約12 nmの単分散金ナノ粒子のベンゼン溶液を水面上に展開し，Langmuir-Blodgett法により金ナノ粒子の単分子膜を調製することができる[8]．その際，適当な表面圧で透過型電子顕微鏡（TEM）用グリッドまたはマイカ表面に単分子膜を転写し，得られた超薄膜をTEMおよび原子間力顕微鏡（AFM）により観察した結果，図 **7.3**(a) のAFM像が示すように，金ナノ粒子は高分子マトリクス中に規則正しく配列することがわかった．

PMMA付与単分散シリカ微粒子のトルエン分散液を水面にキャストすると，溶媒の蒸発に伴い水面上に均一な薄膜が形成する[9]．この薄膜は複合微粒子が最密充填構造で二次元に結晶状に配列した単層膜であることが明らかになった（図 **7.3**(b))．単層膜中におけるシリカ粒子の間

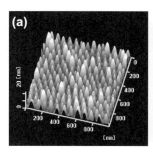 

図 **7.3** ポリマーブラシ付与ナノ粒子の二次元配列構造．

出典：K. Ohno, K. Koh, Y. Tsujii, and T. Fukuda: *Angew. Chem. Int. Ed.* **42**, 2751 (2003); T. Morinaga, K. Ohno, Y. Tsujii, and T. Fukuda: *Eur. Polym. J.* **43**, 243 (2006).

隔は，グラフトされたPMMAの鎖長を変えることで制御できる．さらに，この微粒子単層膜をテンプレートとして，ポリジメチルシロキサンエラストマー表面をパターニングすることに成功している．

7.2.3 コロイド結晶の種類

単分散微粒子が液体中に分散し結晶状に周期配列した構造体をコロイド結晶と呼ぶ．一般の結晶の原子や分子の配列を直接観察することは困難であるが，コロイド結晶中の微粒子は，その配列状態を光学顕微鏡で直接観察することができる．そのため，結晶化現象を研究するモデル系として重要な役割を果たしている．また，コロイド結晶の持つ屈折率の周期性に由来する優れた光学特性から光学材料，化粧品・装飾品分野への利用が期待されている．

従来，剛体球ポテンシャルと静電ポテンシャルをそれぞれ代表的な駆動力とするハード系[10,11]およびソフト系[12]コロイド結晶が知られている．また最近になり，SI-LRPにより合成したポリマーブラシ付与微粒子を用いたコロイド結晶が開発された[13]．この結晶化の駆動力は，微粒子表面に極めて高い密度で固定され，それゆえ高度に膨潤伸張したポリマー鎖からなるポリマーブラシ層間の長距離に及ぶ相互作用であり，「準ソフト系」と命名された新しいタイプの結晶である．準ソフト系コロイド結晶には，従来法にはないいくつかの特徴がある．例えば，微粒子表面に固定されるグラフトポリマー鎖の種類と長さ，微粒子の種類と粒径，溶媒など制御可能な構造因子が多様であり，それらを変えることにより結晶の構造・格子パラメータや粒子の溶媒に対する比重・屈折率などを多彩に制御できる．さらに，グラフトポリマー鎖を利用してコロイド結晶を高性能化・高機能化できることなどが挙げられる．

7.2.4 準ソフト系コロイド結晶の創製

PMMA (M_n = 158,000, M_w/M_n = 1.19) をグラフトした直径130 nmのシリカ微粒子（PMMA-SiP）を，これに極めて近い屈折率と比重を持つ混合溶媒（1,2-ジクロロエタン／クロロベンゼン／o-ジクロロベンゼン = 53/20/27 vol%）中に分散させることで，重力の影

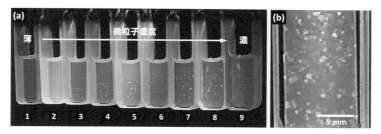

図 **7.4** 準ソフト系コロイド結晶の写真.
出典:K. Ohno, T. Morinaga, S. Takeno, Y. Tsujii, and T. Fukuda: *Macromolecules* **39**, 1245 (2006).

響が小さく透明性の高い分散液を調製できる.この PMMA-SiP 分散液を所定の粒子体積分率($\phi = 0.0785 \sim 0.111$)でガラスセルに入れ封管後,セルを 25°C で 7 日間静置した[13].図 **7.4** に白色光によって後方から照らした一連の試料の写真を示す.図 7.4(a) の数字は試料番号を示している.最も低濃度の試料 1 は,チンダル散乱によって全体が白濁するのみであり,最も高濃度の試料 9 は,不均一に虹色に呈色した.中間濃度では,実験開始後すぐにブラッグ反射に由来する虹色の構造色を示す小さな小片が観察され,結晶の生成が示された.時間の経過に伴い,微結晶が重力によって沈降し,虹色に呈色する沈降層(結晶相)とわずかに白濁した上層(液相)の境界が徐々に現れ沈降平衡に達する.図 7.4(b) は結晶により満たされた試料 8 の拡大写真を示す.それぞれの微結晶はそれらの配向により異なる色を示し,大きさは 0.1 〜 1 mm 程度である.

この結晶相と液相の二相共存領域においては,粒子体積分率の増加に伴い結晶相の体積分率が直線的に増加し,この関係を 0% と 100% 結晶に外挿することによって,結晶化体積分率および結晶融解体積分率が,それぞれ 0.0795 および 0.0865 と見積もられた.これらの値は,グラフトポリマー鎖長に大きく依存し,グラフトポリマー鎖長が大きくなるにしたがい値は小さくなる[14].また,既述したソフト系の結晶化濃度の約 0.01,およびハード系のそれの約 0.5 の中間領域で変化する.本系が準ソフト系と呼ばれる所以の 1 つはここにある.

7.2.5 準ソフト系コロイド結晶の構造と機能

PMMA ブラシを付与した蛍光色素標識シリカ微粒子から作製した準ソフト系コロイド結晶の構造解析が,共焦点レーザスキャン顕微鏡(CLSM)を用いて行われた[15].その結果,結晶内の微粒子の三次元配列構造が明確に観測され,様々な結晶面を抽出することに成功している.結晶構造の同定には,六方晶系ミラー指数で定義される(001)面と垂直な(110)面が用いられた(図 7.5(a)).図 7.5(b) が示すように,面心立方(fcc)または六方最密充塡(hcp)格子は,この(110)面における粒子の配列様式により容易に識別することができる.

図 7.6 に,fcc 型配列の存在分率(α)とグラフトポリマー分子量(M_{w})の関係を示す.グラフトポリマーの分子量が低い領域において,α は約 0.6 に等しい一定値を与えており,fcc と hcp 構造がほぼ等しい割合で現れていることを意味している.また,分子量が高い領域で,α は一定で 1 に等しく,完全な fcc 構造を有すことを示している.両者の中間領域では,α が分子量とともに急激に増加する,ある種の転移現象が観測された.これらの結果は,粒子間ポテンシャルがグラフトポリマー鎖長よって変化していることに起因すると考えられる.実際に,ハード系コロイド結晶では,α の値は約 0.5,そしてソフト系コロイド

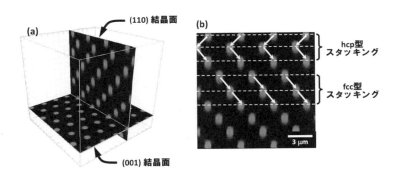

図 7.5 準ソフト系コロイド結晶の構造解析.

出典:T. Morinaga, K. Ohno, Y. Tsujii, and T. Fukuda: *Macromolecules* **41**, 3620 (2008).

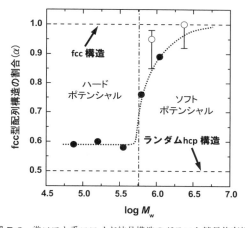

図 7.6 準ソフト系コロイド結晶構造のグラフト鎖長依存性.

出典:T. Morinaga, K. Ohno, Y. Tsujii, and T. Fukuda: *Macromolecules* **41**, 3620 (2008).

結晶のそれは1となるfcc構造,もしくはそれよりも粒子数密度の低い体心立方構造を形成することが知られている.準ソフト系では,グラフトポリマー鎖長の短い領域では,ポリマーブラシ層間に特有の非貫入性の,剛体的な相互作用が粒子間に働くと考えられる.グラフトポリマー鎖長の増加とともにグラフト層の外郭部での有効グラフト密度は小さくなり,グラフトポリマー鎖の形態変化に伴い粒子間ポテンシャルも非剛体的なもの,つまり,ソフトになると考えられる.この違いが結晶構造に影響を及ぼしたのであろう.これらの結果は,グラフトポリマー鎖長の変化によって,粒子間距離のみならず結晶構造も制御できることを示している.

一般に,コロイド結晶は極めて弱く壊れやすい.これを克服するため,準ソフト系コロイド結晶系において,グラフトポリマー鎖にあらかじめ導入した光反応性基(シンナモイル基やビニル基)を通じて粒子間を結合(架橋)することにより,コロイド結晶を固定化することが行われている.グラフトポリマー鎖と同種の光反応性フリーポリマーの共存下でコロイド結晶を作製し,光照射することにより効率良く固定化を達

成できる．また，コロイド結晶から実用的なデバイスを構築するためには溶媒の選択が重要である．準ソフト系コロイド結晶では，不揮発性のイオン液体を溶媒として用いることに成功している．さらに，蛍光色素を含んだイオン液体中でコロイド結晶を作製し，これがレーザ発振することが確認されている．これを利用した光学デバイスの構築が期待できる．

参考文献

1) M. Daoud and J. P. Cotton: *J. Phys. (Paris)* **43**, 531 (1982).
2) K. Ohno, T. Morinaga, S. Takeno, Y. Tsujii, and T. Fukuda: *Macromolecules* **40**, 9143 (2007).
3) B. D. Korth, P. Y. Keng, I.-B. Shim, S. E. Bowles, C. Tang, T. Kowalewski, K. W. Nebesny, and J. Pyun: *J. Am. Chem. Soc.* **128**, 6562 (2006).
4) P. Y. Keng, I. Shim, B. D. Korth, J. F. Douglas, and J. Pyun: *ACS Nano* **1**, 279 (2007).
5) J. J. Benkoski, S. E. Bowles, B. D. Korth, R. L. Jones, J. F. Douglas, A. Karim, and J. Pyun: *J. Am. Chem. Soc.* **129**, 6291 (2007).
6) K. Liu, Z. H. Nie, N. N. Zhao, W. Li, M. Rubinstein, and E. Kumacheva: *Science* **329**, 197 (2010).
7) H. Wang, L. Chen, X. Shen, L. Zhu, J. He, and H. Chen: *Angew. Chem. Int. Ed.* **51**, 8021 (2012).
8) K. Ohno, K. Koh, Y. Tsujii, and T. Fukuda: *Angew. Chem. Int. Ed.* **42**, 2751 (2003).
9) T. Morinaga, K. Ohno, Y. Tsujii, and T. Fukuda: *Eur. Polym. J.* **43**, 243 (2006).
10) W. K. Kegel and A. van Blaaderen: *Science* **287**, 290 (2000).
11) P. N. Pusey and W. van Megen: *Nature* **320**, 340 (1986).
12) T. Okubo: *Prog. Polym. Sci.* **18**, 481 (1993).
13) K. Ohno, T. Morinaga, S. Takeno, Y. Tsujii, and T. Fukuda: *Macromolecules* **39**, 1245 (2006).
14) K. Ohno, T. Morinaga, S. Takeno, Y. Tsujii, and T. Fukuda: *Macromolecules* **40**, 9143 (2007).
15) T. Morinaga, K. Ohno, Y. Tsujii, and T. Fukuda: *Macromolecules* **41**, 3620 (2008).

第 8 章

ポリマーブラシ付与微粒子の応用

8.1 生体機能性材料

　微粒子を用いたバイオ・医療材料の開発は非常に盛んであり,高性能・高機能化を目指した緻密な材料設計が近年数多く存在する.SI-LRP により合成したポリマーブラシ付与複合微粒子を使った生体機能性材料の開発も行われており,LRP により得られるポリマーブラシの特性および分子設計の自由度を活かすことで,従来にない材料開発が期待される.他方,SI-LRP が複合微粒子の構造パラメータを自在に制御できることを活かし,微粒子の構造・物性が生体内での機能に及ぼす影響が系統的に評価されている.

　具体的には,親水性ポリマーブラシ付与シリカ粒子を用いて実験が行われた[1].コア粒径依存性の評価には,分子量約 10 万のポリマーをグラフトした粒径が 15 から 1,500 nm までのシリカ粒子を用い,それらの体内動態を評価した.コア粒径が小さいとき,静脈投与 24 時間後の血中残存率は約 50% 近く非常に優れた血中滞留性を示したが,粒径が大きくなるに伴い,血中滞留性は低下した.グラフトポリマー鎖長の依存性においては,あるグラフトポリマー鎖長(分子量)まではそれが大きくなるに伴い血中滞留性が良くなるが,さらに分子量が増加すると血中滞留性は低下した.グラフトポリマーの分子量が大きくなると,複合微粒子の流体力学的サイズの増加に加え,表面の有効グラフト密度の低下により,血清タンパク質が吸着し血中滞留性が悪くなる可能性もあるが,結果は違った.図 8.1 は,複合微粒子の流体力学的直径に対する投与 1 時間後の微粒子の血中残存率が示してある.500 nm 程度の流体

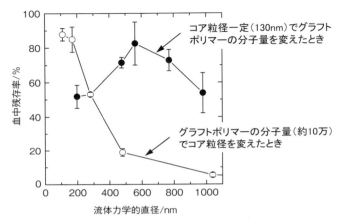

図 8.1 ポリマーブラシ付与複合微粒子の血中滞留性.

出典:K. Ohno, T. Akashi, Y. Tsujii, M. Yamamoto, and Y. Tabata: *Biomacromolecules* **13**, 927 (2012).

力学的直径を有する微粒子に着目した場合,コア粒径が大きくグラフトポリマー鎖長が短い複合微粒子に比べ,コア粒径が小さくグラフトポリマー鎖長が長い複合微粒子の体内動態が非常に優れていることがわかる.生体内での相互作用において,サイズ効果のみならず,粒子の表面弾性率やグラフトポリマー鎖の運動性なども重要であることを示す実験的証拠である.

同様の設計により,血中滞留性に優れる蛍光標識した複合微粒子を調製できる.これを担がんマウスに投与すると,EPR 効果(enhanced permeation and retention effect)により,がん組織に高い割合で集積し,その様子を蛍光イメージングすることに成功している[1].また,酸化鉄ナノ粒子によるイメージング試薬の開発も行われている.超常磁性酸化鉄ナノ粒子は,核磁気共鳴画像法(MRI)において水のプロトンの横緩和時間に影響を与え,画像のコントラストを強調するため造影剤として機能する.血中滞留性に優れたポリマーブラシ付与酸化鉄ナノ粒子を担がんマウスに投与すると,図 **8.2** の MRI 画像が示すように,投与前には白色で撮影されたがん組織が,投与 24 時間後には粒子が集

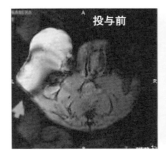 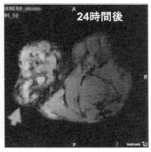

図 8.2 ポリマーブラシ付与酸化鉄ナノ粒子が EPR 効果によってがん組織に集積したことを示す MRI 画像.

積し明確に黒くなる様子が観察されている.

抗バクテリア活性を示す4級アンモニウム塩を有するポリマーをグラフトした磁性粒子がSI-LRPにより合成され,これを大腸菌と混合することにより優れた殺菌効果が確認されている[2]. この複合微粒子は,磁石で回収し再利用しても殺菌効果は全く変化しないことが検証されている. また,親水性ポリマーブラシ付与磁性微粒子の表面を抗バクテリアペプチド(Magainin-I)で修飾した場合にも殺菌効果を示し,磁気回収によりリサイクル可能であることが報告されている[3].

微粒子表面にリガンドを導入しタンパク質の精製を行う目的にポリマーブラシを用いた場合,多くのリガンドを微粒子表面に固定できる利点がある. これを利用したヒスチジンタグタンパク質の精製が行われており,市販の微粒子に比べ性能が格段に優れるという報告がある[4]. これは,タンパク質の非特異吸着の抑制とリガンド固定化量の増大に起因している. また,イムノアッセイにおいても,ポリマーブラシ表面で固定化できるリガンド量が多いことは利点となる. それに加え,抗体が結合しやすいようにリガンドを固定できるため,感度を大幅に向上できるが報告されている[5].

8.2 触媒

有機触媒として作用する $4\text{-}N,N\text{-}$ジアルキルアミノピリジン残基を

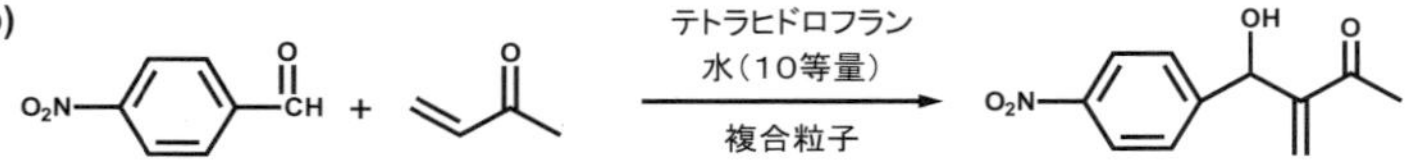

図 8.3 ポリマーブラシ付与複合粒子を触媒とした反応：(a) 2 級アルコールのアシル化，(b) Baylis-Hillman 反応．

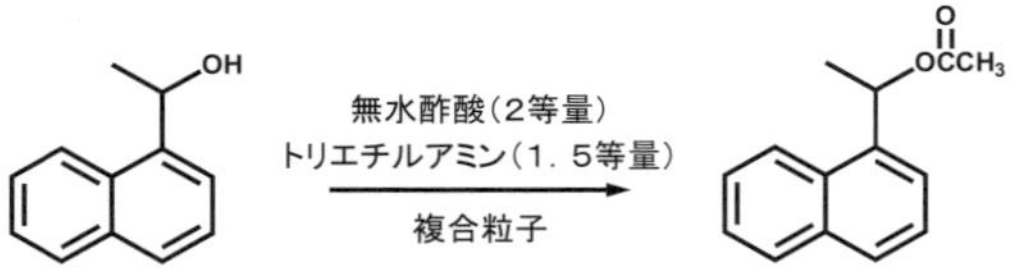

出典：B. Zhao, X. Jiang, D. Li, X. Jiang, T. G. O' Lenick, B. Li, and C. Y. Li: *J. Polym. Sci. Part A: Polym. Chem.* **46**, 3438 (2008).

含有したポリマーブラシをグラフトした複合微粒子が，SI-LRP により合成されている[6]．1 g あたり 0.71 mmol の触媒ユニットを導入した微粒子の存在下で，ナフチルエタノールと無水酢酸のアシル化反応が 3 時間で完結した（図 8.3）．一方，微粒子の非存在下では，反応の進行は 24 時間で 5%，48 時間で 10% であった．また，より難易度の高い，4-ニトロベンズアルデヒドとメチルビニルケトンの Baylis-Hillman 反応（図 8.3）に同微粒子を供したとき，非常に高い活性を示すことに加え，副生成物は全く確認されなかった．他の固定化触媒または遊離の有機触媒を使って同反応を行った場合，原因不明の副生成物が生成することが知られている．反応後，微粒子を遠心分離により回収し，再利用しても触媒活性の低下は全く見られず，6 回再利用した場合にも Baylis-Hillman 反応が効率よく進行することが確認されている．

酢酸 *p*-ニトロフェニルエステルの加水分解反応の触媒として，4-*N*, *N*-ジアルキルアミノピリジン残基を含有した，温度応答性ポリマーブラシを付与したシリカ微粒子が使われた[7]．ポリマーの下限臨界共溶温度（LCST）付近で触媒活性が不連続に変化するが，同組成の遊離ポリマーに比べ，ポリマーブラシ付与複合微粒子の触媒活性は LCST より高温において急激に低下することはなかった．これは，LCST 以降に遊離ポリマーのコンフォメーションが大きく変化し反応基質がアクセス

しにくくなったのに対して，ポリマーブラシのコンフォメーション変化が比較的小さく立体障害にあまり影響されなかったためと推察できる．この複合微粒子も遠心回収による再利用が可能である．

ナノ粒子内包ポリマーブラシ付与複合微粒子の触媒活性が検討されている[8]．t-ブチルアクリレートと ATRP 開始基含有モノマーを用いた乳化重合によりコア粒子を調製した後，LCST を示す温度応答性ポリマーを SI-LRP によりグラフトした．そして，コア粒子の t-ブチル基を脱保護しカルボン酸に変換し，パラジウムイオンを配位させ還元することによりパラジウムナノ粒子をコア粒子内部に導入できる．この粒子を触媒としたスチレンの水素添加反応は，効率よく進行し数時間で完結する．また，基質を再添加しても反応は速やかに進行すること，ポリマーの LCST 付近で活性が不連続に変化すること，そして，遠心回収後においても活性はほとんど変化しないことが確認されている．

サレン基を有するポリマーブラシを付与した酸化鉄ナノ粒子とコバルト酢酸と反応することにより，コバルト・サレン複合体をポリマーブラシ層に持つ複合微粒子を合成できる[9]．この複合微粒子の触媒活性が，エピクロロヒドリンの hydrolytic kinetic resolution を用いて検討され，均一触媒と比較して 18 倍程度高い触媒活性を示すことに加え，非常に優れたエナンチオ選択制を示した．また，同様の系において，ピペラジン基含有ポリマーブラシ付与酸化鉄ナノ粒子の触媒活性が，ベンズアルデヒドとマロノニトリルのクネーフェナーゲル縮合を用いて検討された．一般に，ピペラジンを用いたクネーフェナーゲル縮合では，触媒濃度を高くしなければ反応が進行しないが，ポリマーブラシ付与複合微粒子を触媒としたときには，少量の触媒量で効率よく進行することが明らかとなった．酸化鉄ナノ粒子の特性を活かして，触媒を磁気回収できることも本系の特徴である．

8.3 電解質膜

現在，多くの電気化学デバイスでは，主として有機溶媒系電解液が用いられているが，溶媒揮発，液漏れ，電極腐食など課題を抱えており，電解質の不揮発化・固体化が望まれている．それに向けて，イオ

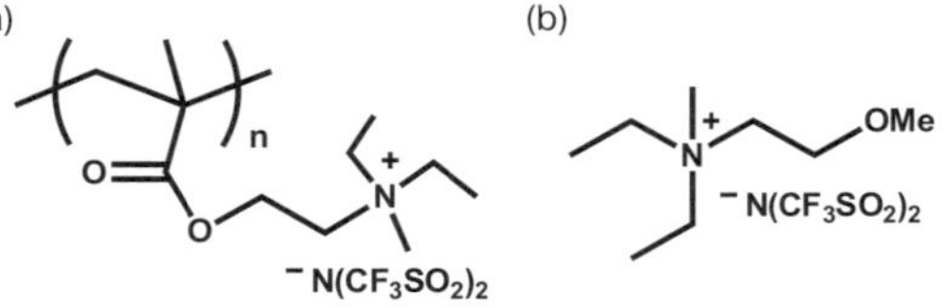

図 8.4 (a) PDEMM-TFSI と (b) DEME-TFSI の化学構造.

図 8.5 ポリマーブラシ付与複合微粒子/イオン液体複合膜の走査型電子顕微鏡写真.
出典:T. Sato, T. Morinaga, S. Marukane, T. Narutomi, T. Igarashi, Y. Kawano, K. Ohno, T. Fukuda, and Y. Tsujii: *Adv. Mater.* **23**, 4868 (2011).

ン液体(IL)とポリマーブラシ付与微粒子の複合膜が新規の固体イオニクス材料として応用されている.SI-LRP によりイオン液体ポリマー poly(N,N-diethyl-N-(2-methacryloylethyl)-N-methylammonium bis(trifluoromethylsulfonyl) imide (PDEMM-TFSI; 図 **8.4**(a)) を付与したシリカ微粒子(直径 130 nm)は,イオン液体 N,N-diethyl-N-(2-methoxy-ethyl)-N-methylammonium bis(trifluoromethylsulfonyl) imide (DEME-TFSI; 図 8.4(b)) に完全に分散し,低濃度分散液は構造色を呈しコロイド結晶を形成する.注目すべきは,揮発性溶媒を用いたキャスト法により,この複合微粒子が少量の DEME-TFSI と均一コンポジット化し,特に IL 含量 25 wt% において固体膜化することである.

得られた固体膜の断面を走査型電子顕微鏡（SEM）により観察した結果（図 8.5），複合微粒子が面心立方構造を形成し規則配列していることが判明した[10]．この固体膜の電気伝導度を交流インピーダンス法により評価した結果，固体としては極めて高い伝導度（0.2 mS/cm @30℃）が確認されている．複合微粒子の規則配列化は粒子間に nm オーダーの連続相（チャネル構造）を形成し，特筆すべきは，その内部でのイオンの拡散がバルクのイオン液体中を上回ることである[10]．

また，リチウムイオン電池（LIB）に応用するために，膜形成後に 0.3 mol/kg の lithium bis(trifluoromethanesulfonyl)imide（LiTFSI）を添加し，塩の析出なく固体膜化が達成された．興味深いことに，通常，イオン液体中ではクラスター形成のために Li イオンの電気伝導度が低下するが，この固体膜系ではこれを抑制できることが，磁場勾配 NMR 法によって Li イオンの自己拡散係数を測定することにより明らかとなった．これは，シリカ微粒子表面の濃厚ポリマーブラシが，イオン伝導の向上にも大きく寄与していることを意味する．

さらに，この固体膜を電解質としたバイポーラ型高電圧 LIB が作製された[10]．金属箔集電体の表裏に正負極を形成したバイポーラ電極と固体電解質膜を積層することで，1 パッケージの中に直列接続された複数個の単電池を組み込むことができる．このバイポーラ電池は，単セル電池の 2 倍の特性，すなわち，満充電電位 6.0 V で 3.0 V までの放電，また，室温で 50 サイクル時まで充放電効率 98% が達成された．この固体電解質は，可燃性物質を含まない固体の電解質でありながら，LIB の室温駆動を可能にする高いイオン伝導性とバイポーラ設計を可能とする成形性・強度を有することが示された．さらに，同様の複合微粒子積層膜を用いた色素増感型太陽電池および燃料電池用材料の開発も進められており，今後さらに発展することが期待できる．

参考文献

1) K. Ohno, T. Akashi, Y. Tsujii, M. Yamamoto, and Y. Tabata: *Biomacromolecules* **13**, 927 (2012).
2) H. Dong, J. Huang, R. R. Koepsel, P. Ye, A. J. Russell, and K.

Matyjaszewski: *Biomacromolecules* **12**, 1305 (2011).
3) T. Blin, V. Purohit, J. Leprince, T. Jouenne, and K. Glinel: *Biomacromolecules* **12**, 1259 (2011).
4) F. Xu, J. H. Geiger, G. L. Baker, and M. L. Bruening: *Langmuir* **27**, 3106 (2011).
5) Y. Liu, C. X. Guo, W. Hu, Z. Lu, and C. M. Li: *J. Colloid Intface Sci.* **360**, 593 (2011).
6) B. Zhao, X. Jiang, D. Li, X. Jiang, T. G. O'Lenick, B. Li, and C. Y. Li: *J. Polym. Sci. Part A : Polym. Chem.* **46**, 3438 (2008).
7) X. Jiang, B. Wang, C. Y. Li, and B. Zhao: *J. Polym. Sci. Part A : Polym. Chem.* **47**, 2853 (2009).
8) D. Li, J. R. Dunlap, and B. Zhao: *Langmuir* **24**, 5911 (2008).
9) C. S. Gill, W. Long, and C. W. Jones: *Catal. Lett.* **131**, 425 (2009).
10) T. Sato, T. Morinaga, S. Marukane, T. Narutomi, T. Igarashi, Y. Kawano, K. Ohno, T. Fukuda, and Y. Tsujii: *Adv. Mater.* **23**, 4868 (2011).

索　引

【英数字】

AFM, 12, 18, 24, 43, 71
Alexander-de Gennes 理論, 16
ATRP, 5, 39, 49, 59
BHE, 58
Confinement 効果, 8
EPR 効果, 78
fcc, 74
Grafting-from 法, 1, 40
Grafting-through 法, 41
Grafting-to 法, 1, 39
hcp, 74
IL, 82
Langmuir-Blodgett 法, 43, 71
LCST, 80
LRP, 5
MRI, 78
NMP, 5, 8, 49, 63
PBIEM, 40
PMPC, 28
PNIPAM, 21, 60, 65
primary adsorption, 33
RAFT, 5, 8, 40, 49, 62
ROMP, 39
secondary adsorption, 33
SFA, 12, 16
tertiary adsorption, 34

【あ】

アブレシブ摩耗, 28
イオン液体, 76, 81
イニマー, 40, 53
オンサガー理論, 44

【か】

カーボンナノチューブ, 54
カーボンブラック, 54
開環メタセシス重合, 39
可逆的付加—開裂連鎖移動, 5
核磁気共鳴画像法, 78
下限臨界共溶温度, 80
ガラス転移温度, 24
カルステッド触媒, 50
慣性半径, 32
キャッピング, 5
境界潤滑, 18
共焦点レーザスキャン顕微鏡, 74
極低摩擦, 28, 45
金属ナノ粒子, 52
金ナノロッド, 62
グラフェン, 55
グラフト点間距離, 16, 23, 32
グラフト密度, 3
クリック反応, 39, 54
蛍光色素標識シリカ微粒子, 74
形態エントロピー変化, 13
血中滞留性, 77
ゲル, 28, 46
原子移動ラジカル重合, 5
剛直性パラメータ, 43
厚膜化, 29
交流インピーダンス法, 83
コロイド結晶, 72
混合エントロピー変化, 13
混合ポリマーブラシ, 63

【さ】

酸化亜鉛ナノ粒子, 51
酸化鉄, 50
シード, 53
持続ラジカル効果, 6
準希薄ポリマーブラシ, 12, 16, 18, 23, 28, 32, 46, 68
準ソフト系コロイド結晶, 72
シランカップリング剤, 4, 49, 58
シリカ微粒子, 49
浸透圧斥力, 2, 16
スケーリング, 12, 68
ストライベック曲線, 31
生体適合性, 31
セグメント密度プロファイル, 14
セルロースナノファイバー, 46
相互貫入, 19

【た】

体内動態, 77
タンパク吸着, 32
チタニアナノ粒子, 51
中空粒子, 64
ドーマント, 5, 8
トライボロジー, 27

【な】

ニトロキシド媒介重合, 5, 52
濃厚ポリマーブラシ, 12, 17, 23, 46, 68, 83

【は】

排除体積効果, 12, 38, 42, 68
ピッカリングエマルション, 59, 60
表面開始フリーラジカル重合法, 4
表面占有率, 9, 12, 69
フォースカーブ, 16
プラズモン共鳴, 52, 66
プロテオグリカン会合体, 45
分散重合, 53
膨潤膜厚, 12
ボトルブラシ, 38
ポリ(2-ブロモイソブチリロキシエチルメタクリレート), 40
ポリ(2-メタクリロイルオキシエチルホスホリルコリン), 28
ポリ(N-イソプロピルアクリルアミド), 21

【ま】

膜乳化, 61
マクロ開始剤, 38
摩擦係数, 18
マッシュルーム構造, 3
ミニエマルション重合, 53
面心立方, 74, 83

【や】

ヤヌス粒子, 59
有効グラフト密度, 18, 46, 75, 77

【ら】

リオトロピック液晶, 44
リガンド交換反応, 52
立体斥力, 2, 34
リビングラジカル重合法, 5
流体潤滑, 18
流体力学的直径, 68
レーザ発振, 76
ロッド型, 61
六方最密充填, 74

memo

memo

著者紹介

辻井 敬亘（つじい よしのぶ）
1988 年　京都大学大学院工学研究科博士後期課程研究指導認定退学
現　　在　京都大学化学研究所 教授
　　　　　京都大学工学博士

大野 工司（おおの こうじ）
1999 年　京都大学大学院工学研究科博士後期課程修了
現　　在　京都大学化学研究所 准教授
　　　　　博士（工学）

榊原 圭太（さかきばら けいた）
2008 年　京都大学大学院農学研究科博士後期課程修了
現　　在　京都大学化学研究所 助教
　　　　　博士（農学）

高分子基礎科学 One Point 5
ポリマーブラシ
Polymer Brush

2017 年 5 月 25 日　初版 1 刷発行

編　集　高分子学会　Ⓒ 2017
著　者　辻井 敬亘・大野 工司
　　　　榊原 圭太
発行者　南條光章
発行所　**共立出版株式会社**
　　　　郵便番号　112-0006
　　　　東京都文京区小日向 4-6-19
　　　　電話　03-3947-2511（代表）
　　　　振替口座　00110-2-57035
　　　　http://www.kyoritsu-pub.co.jp/

印　刷　大日本法令印刷
製　本　協栄製本

検印廃止
NDC 578

ISBN 978-4-320-04439-5

一般社団法人
自然科学書協会
会員

Printed in Japan

高分子学会 編集

高分子基礎科学 One Point

全10巻

【編集委員会】
渡邉正義（委員長）／斎藤　拓・田中敬二・中　建介・永井　晃

本シリーズは，高分子精密合成と構造・物性を含めた全10巻から構成される。従来1冊の教科書を10冊に分け，各巻ごとに一テーマがまとまっているため手軽に学びやすく，また基礎から最新情報までが平易に解説されているので初学者から専門家まで役立つものとなっている。　【各巻：B6判・100〜184頁・並製・本体1,900円（税別）】

❶ 精密重合Ⅰ：ラジカル重合

上垣外正己・佐藤浩太郎著
ラジカル重合の基礎／ラジカル重合の立体構造制御／ラジカル共重合の制御／リビングラジカル重合／他

❷ 精密重合Ⅱ：イオン・配位・開環・逐次重合

中　建介編著
高分子の合成反応／アニオン重合（アニオン重合の基礎他）／カチオン重合／開環重合／配位重合／逐次重合

❸ デンドリティック高分子

柿本雅明編集担当
デンドリマーの合成／ハイパーブランチポリマーの合成／星型ポリマーの合成／環状高分子の合成／他

❹ ネットワークポリマー

竹澤由高・高橋昭雄著
熱硬化性樹脂の基礎科学／バイオマス由来熱硬化性樹脂／配向制御による高次構造制御と機能発現／他

❺ ポリマーブラシ

辻井敬亘・大野工司・榊原圭太著
ポリマーブラシの合成／ポリマーブラシの構造・物性／ポリマーブラシの機能／ボトルブラシ／他

❻ 高分子ゲル

宮田隆志著
高分子ゲルとは／ゲルの基礎理論（ゲル化理論他）／ゲルの形成／ゲルの構造／ゲルの物性／ゲルの機能

❼ 構造Ⅰ：ポリマーアロイ

扇澤敏明著
ポリマーアロイとは／相溶性／相分離挙動と構造／相分離構造制御／異種高分子界面／相分離構造の評価／他

❽ 構造Ⅱ：高分子の結晶化

奥居徳昌著
高分子単結晶／高分子結晶の集合組織／高分子の結晶化機構／結晶の熱的性質／結晶の力学的性質

❾ 物性Ⅰ：力学物性

小椎尾　謙・高原　淳著
高分子の特徴と力学特性／ゴム弾性／高分子の粘弾性／高分子の塑性変形／破壊現象／シミュレーション／他

❿ 物性Ⅱ：高分子ナノ物性

田中敬二・中嶋　健著
界面の考え方／表面構造／表面物性（立体規則性の効果他）／界面構造／界面物性／薄膜構造と物性

（価格は変更される場合がございます）　　**共立出版**　　http://www.kyoritsu-pub.co.jp/